中老年
电脑与手机上网

实用教程

ZHONGLAONIAN DIANNAO YU SHOUJI SHANGWANG SHIYONG JIAOCHENG

肖国权　主编

U0396255

华南理工大学出版社
SOUTH CHINA UNIVERSITY OF TECHNOLOGY PRESS

·广州·

内 容 简 介

本书根据中老年人的生理、心理特点和认知规律,从利于激发中老年人学习兴趣的角度,收集并系统梳理而成。主要内容包括:电脑入门→常用电脑软件→电脑维护与故障处理→Office 办公软件→电脑上网入门→网络通信→网上银行与网络购物→智能手机入门→智能手机应用。本书可作为各老年大学和社会培训机构的电脑基础班、电脑提高班、网络入门与提高班、智能手机入门与提高班教学用书,可根据中老年朋友的目标、基础、兴趣,采用模块化教学,同时本书也适用于广大中老年朋友自学电脑与智能手机的使用。

图书在版编目(CIP)数据

中老年电脑与手机上网实用教程/肖国权主编. —广州:华南理工大学出版社,2017. 6
ISBN 978 – 7 – 5623 – 5254 – 9

Ⅰ. ①中…　Ⅱ. ①肖…　Ⅲ. ①电子计算机 – 互联网络 – 基本知识 ②移动电话机 – 互联网络 – 基本知识　Ⅳ. ①TP393. 4 ②TN929. 53

中国版本图书馆 CIP 数据核字(2017)第 088748 号

中老年电脑与手机上网实用教程

肖国权　主编

出 版 人:卢家明
出版发行:华南理工大学出版社
　　　　　(广州五山华南理工大学 17 号楼,邮编 510640)
　　　　　http://www. scutpress. com. cn　E-mail:scutc13@ scut. edu. cn
　　　　　营销部电话:020 – 87113487　87111048 (传真)
责任编辑:刘　锋　欧建岸
印 刷 者:佛山市浩文彩色印刷有限公司
开　　本:787mm×1092mm　1/16　印张:11.25　字数:155 千
版　　次:2017 年 6 月第 1 版　2017 年 6 月第 1 次印刷
定　　价:28. 50 元

前　言

　　针对国内中老年人学习使用电脑和智能手机需求的快速增长及中老年人知识更新相对滞后的现实问题，笔者根据自己在华南理工大学老年大学教授电脑、网络和智能手机班的 5 年教学实践经验，结合中老年人的生理、心理特点和认知规律，从激发中老年人学习兴趣的角度出发，编写了这本关于电脑与智能手机的入门级实用教程。

　　本书中电脑与网络部分的内容基于 Windows 7 操作系统，智能手机部分的内容基于 Android 系统。主要内容包括：电脑入门→常用电脑软件→电脑维护与故障处理→Office 办公软件→电脑上网入门→网络通信→网上银行与网络购物→智能手机入门→智能手机应用。本书内容按四大模块分为九章：电脑基础(第 1～2 章)、电脑提高(第 3～4 章)、网络入门与提高(第 5～7 章)和智能手机入门与提高(第 8～9 章)。其中，华南理工大学的肖国权编写了第 1～4 章和第 8～9 章，广东省开平市庆扬中学的刘淑娟编写了第 5～7 章。另外，参加本书编写的人员还有研究生吴斌、陈方等人。

　　本书适用于各老年大学和社会培训机构的电脑与智能手机零基础班教学，可根据中老年朋友不同的目标、基础、兴趣，采用模块化教学，同时本书也适用于广大中老年朋友自学电脑与智能手机的使用。

　　由于作者水平所限，书中难免有不足之处，欢迎广大读者批评指正。

肖国权

2017 年 4 月

目 录

1 电脑入门

1.1 认识电脑

1.1.1 电脑的组成

我们经常提到的电脑一般指的是个人计算机(personal computer),即 PC。

电脑的主要性能指标有:主频、字长、内存、存取周期、高速缓冲存储器和总线速度。

电脑硬件系统主要包括控制器、运算器、存储器、输入设备和输出设备,如图 1-1 所示。

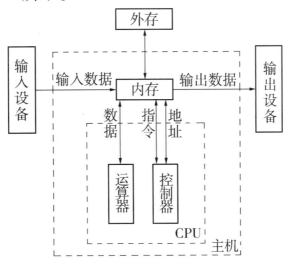

图 1-1 电脑硬件系统

电脑的基本硬件配置主要包括主机、显示器、键盘和鼠标,而主机又包含机箱、电源、主板、CPU（控制器和运算器）、内存条、硬/软盘驱动器、光盘驱动器、显示卡等。用户也可根据需求配备声卡、音箱、网卡、打印机、扫描仪、数码摄像头等。各种硬件通过不同接口接入主板，再连接电源。主板的主要组成部件及接口如图1-2所示。

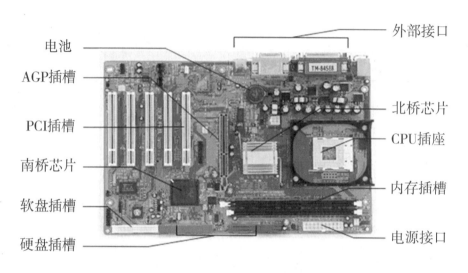

图1-2　主板的主要组成部件及接口

电脑上使用最广泛的是 Windows 操作系统。

电脑一般分为两种：台式电脑和笔记本电脑。从功能上讲，两种电脑的组成差不多；但从模块上看，笔记本电脑的结构更为紧凑，因此模块层次上的组成要相对少些。下面我们从模块的角度对二者的组成进行划分。

台式电脑：主要包括主机、显示屏和其他外接设备。其中外接设备包括键盘、鼠标、电源线、主显示屏连接线等。

笔记本电脑：主要包括机体和外接设备。其中外接设备包括鼠标、电源线、键盘（由于机体已包含键盘，故可有可无）等。

1.1.2　电脑外部设备及外部接口

电脑外部设备就是除主机外的大部分硬件设备，是计算机系统中输入、输出设备和外存储器的统称，又称为外围设备。外部设备是附属或辅助计算机且连接计算机的设备，能扩充计算机系统，完善或协调电脑的功能，对数据和信息起着传输、转送和存储的作用，是计算机系统中的重要组成部分。计算机系统若没有输入、输出和存储设备，就如计算机系统没有软件一样，是毫无意义的。

常见的外部设备包括：

（1）输出设备，如打印机、显示器、绘图仪、耳机和音响。

（2）存储设备，如磁盘、光盘、U盘。

（3）输入设备，如扫描仪、数码相机、摄像头、语音输入系统、IC卡输入系统。

电脑外部设备与电脑的连接是通过外部接口实现的，常见的外部接口如图1-3所示。其中，设备通过USB数据线连接到USB口，电脑会自动识别，自动安装驱动。

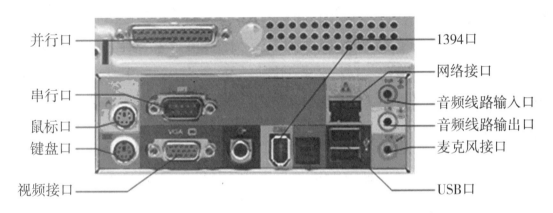

图1-3　电脑常见的外部接口

常见的外部设备的功能及操作方法如下：

（1）U盘：类似于电脑硬盘的移动存储设备，主要功能是存储，是典型的即插即用型设备。U盘的使用：插入到USB口，电脑会自动识别，插进去就能在"我的电脑"下看到"可移动磁盘"，双击可打开查看；也可以点击屏幕右下角弹出的U盘标志 ，再点击安全打开。可以把自己需要存储的东西直接拖进U盘；也可复制需要的东西，再粘贴至U盘。

（2）手机与电脑的连接：随着现在智能机的兴起，电脑与手机已形成一条新的连接带，通过手机 USB 线把手机与电脑连接起来，再在电脑上下载手机管家（如 91 手机助手、腾讯手机管家、豌豆荚以及 iTunes 等），打开手机管家就能轻松简单地使用你的手机，应用程序、游戏等应有尽有。

（3）相机数据的使用：通过相机数据线插入电脑 USB 口（或是把相机卡取出来插入读卡器，之后再把读卡器插入电脑两侧的 USB 口中），打开可移动磁盘，就可以看自己拍下的照片。

（4）打印机的连接：打印机的安装一般分为两个步骤，第一步是打印机与电脑的连接，第二步是在操作系统里面安装打印机的驱动程序。如果是安装 USB 接口的打印机，安装时在不关闭电脑主机和打印机的情况下，直接把打印机的 USB 连线一端接打印机，另一端连接到电脑的 USB 接口即可。按照上面的步骤把打印机跟电脑连接好之后，先打开打印机电源，再打开电脑开关。进入操作系统后，系统会提示发现一个打印机，系统要安装打印机的驱动程序才可以使用打印机。如果操作系统没有这款打印机的驱动，需要把打印机附带的驱动盘（软盘或光盘）放到电脑驱动器，再根据系统提示进行安装。

1.1.3　电脑的启动与关闭

电脑的启动：电脑的启动方法和大多数家用电器相同，无论是台式机还是笔记本电脑，都只需要按一下电源键，电脑就自动进入开机界面，等待一会儿便完成开机过程了。

电脑的关闭：需要注意的是，电脑的关机方法与普通电器的不一样，正确的关机方法是单击电脑界面左下角工具栏里的 图标，弹出如图 1 - 4 所示的界面后，再单击图 1 - 4 中右下角的"关机"按钮，电脑将自动关机。

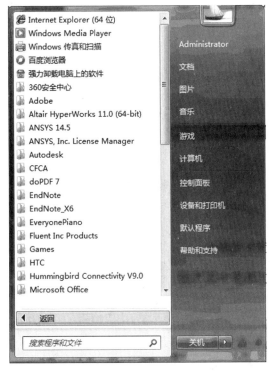

图 1-4　电脑的关机界面　　　　　　图 1-5　电脑的重启界面

电脑的重启：需要重启电脑时，可将鼠标移至图 1-4 中"关机"旁边的按钮，会显示如图 1-5 所示的图标，选择并单击其中的"重新启动"，电脑将自动重启。

显示器的开和关：显示器面板上有几个按钮，其中有一个显示器的"开关"按钮，与电视机和遥控器的开关符号一样。在电脑启动时需先开显示器，才能看到主机的启动，在电脑关闭后再关闭显示器。

1.1.4　数字流量单位换算

在操作电脑时，经常会听到、看到一些关于流量或存储大小的数值单位，如：电脑的 E 盘大小为 200G，手机今天消耗的流量为 30M，等等。那么 G、M、K、B 等字母代表什么意思呢？

G、M、K、B 等都是内存量或数据流量的单位符号。常见计量单位有 B、KB、MB、GB 和 TB。有时我们为了方便称呼会去掉这些单位中的"B"，如 1KB，经常被称为 1K。

在以上的计量单位中，B 是字节的符号。字节是数据或数据流量的基本位。

1 B（byte）就是 1 个字节，是计算机最小的存储单元，相当于一个英文字母。

1 KB（kilobyte）叫 1 千字节，简称 1K，相当于一则短篇故事的内容。

1 MB（megabyte）叫 1 兆字节，简称 1 兆，相当于一则短篇小说的文字内容。

1 GB（gigabyte）叫 1 吉字节，简称 1 吉，相当于贝多芬第五乐章交响曲的乐谱内容。

1 TB（terabyte）叫 1 太字节，简称 1 太，相当于一家大型医院所有的 X 光图片信息量。

它们之间的换算关系是以 2 的 10 次幂为关系式代换的，简化为等式转化关系如下：

$$1\text{TB} = 2^{10}\text{GB} = 2^{20}\text{MB} = 2^{30}\text{KB} = 2^{40}\text{B}$$

$$1\text{KB} = 2^{10}\text{B} = 1024\text{B}$$

1. 数字信息的表示

在计算机中，计算机只能够处理二进制数，而不使用人们习惯的十进制数，原因如下：①二进制数在物理上最容易实现；②二进制数运算简单；③二进制数的"0"和"1"正好与逻辑命题的两个值"否"和"是"（或称"假"和"真"）相对应，为计算机实现逻辑运算和逻辑判断提供了便利条件。

需要通过电脑处理的数字信息需经过数制转换后，变为计算机可以识别的二进制数。

2. 非数字信息的表示

文本、图形、图像、声音之类的信息，称为非数字信息。

在计算机中用得最多的非数字信息是文本字符。由于计算机只能够处理二进制数，需要将各种字符用二进制的"0"和"1"按照一定的规则进行编码，变成计算机可以识别的表示西文或中文字符的二进制编码。

　　图形、图像、声音之类的信息，也需要转换为二进制编码才能被计算机识别，往往需要更多的二进制编码才能更精确地表示，所以图形、图像、声音之类文件比文本类文件要大得多。

1.2　电脑输入

　　控制电脑的前提是电脑能够接收到我们下达的"命令"，这些命令的传达和实现需要输入设备来完成。鼠标和键盘是电脑使用的基本输入设备，有了这两种工具才能够更好使用电脑，完成人机互动的工作。

1.2.1　鼠标的基本操作

　　鼠标有两键、三键或多键鼠标，一般为三键鼠标，即包括左键、右键和中键(滚轮键)。鼠标的结构及对应功能键如图1－6所示。图1－6显示了鼠标外形轮廓、各部分的名称及其所对应的经常代表的功能。

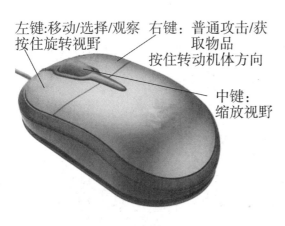

左键:移动/选择/观察　右键：普通攻击/获
按住旋转视野　　　　　　取物品
　　　　　　　　　　按住转动机体方向

中键:
缩放视野

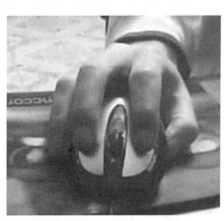

图1－6　鼠标的形状及对应功能键　　　图1－7　手握鼠标的基本手势

　　在使用三键鼠标时，手握鼠标的基本手势如图1－7所示，即手掌掌心压住鼠标，大拇指和小拇指自然放在鼠标的两侧，食指和中指分别控制鼠标的左键和右键，有需要时再用食指控制鼠标中间的滚轮键。

无论是两键、三键或多键鼠标，它们的操作方法都基本相同，主要包括移动、单击、双击、右击、拖动和选取这 6 个基本操作。下面分别介绍这些操作：

（1）移动：通过移动鼠标在桌面上来回移动，使屏幕上的光标做同步移动。

（2）单击：移动鼠标指针指向对象，然后用食指在鼠标左键上快速地点击一次。

（3）双击：移动鼠标指针指向对象，食指在鼠标左键上快速连续地点击两次。

（4）右击：也称为右键单击，移动鼠标指针指向对象，用中指（或无名指）在鼠标右键上快速地点击一次。

（5）拖动：移动鼠标指针指向对象，按住鼠标左键，再移动鼠标指针到其他位置，然后释放鼠标左键。

（6）选取（多选）：在目标外按住鼠标左键后，移动鼠标将需要选取的所有目标框起来再放松按键，即可选取要选取的目标。

1.2.2　键盘组成及使用

键盘也是电脑不可或缺的输入设备，通过键盘，可以完成电脑的输入操作。一般电脑键盘的组成如图 1-8 所示。

图 1-8　键盘的组成

键盘通常由功能键区、主键盘区、编辑键区、数字键区和其他功能区组成。另外，由于笔记本电脑键盘较小，有些笔记本电脑的自带键盘可能会没有数字键区。

（1）功能键区：功能键区位于键盘的最上端，由 13 个键组成。其中，Esc 键称为返回键或取消键，用于退出应用程序或取消操作命令；F1～F12 键被称为功能键，这 12 个功能键在不同程序中有不同的作用。

（2）主键盘区：该区域是我们最常用的键盘区域，由 26 个字母键、10 个数字键以及一些符号和控制键组成。

英文字母键：在有光标的地方，敲击字母即可输入相应的小写英语字母。在主键盘区最左边有一个"Caps Lock"键，当按一次它后，即切换成大写英文字母状态，敲击字母就可以输入相应的大写英文字母。再按一下"Caps Lock"键，就取消了大写状态。

数字和专用符号键（同一键上既有数字又有功能符号），其中，共有 10 个数字，直接敲击可输入数字；如按住"Shift"键的同时敲击数字和专用符号键，则输入的是相对应的专用符号。

回车（Enter）键：主要实现两个功能，即

● 在输入命令后，按此键"确认"并"执行"命令。

● 在输入文本后，按此键将"插入点"移至下一行的开始位置。

空格（Space）键：位于键盘下方最长的键。在输入文本数据后按下这个键，光标将后移并产生一个空格。

退格（Backspace）键：编辑文本时，若出现输入错误，按此键可删除光标前的一个字符。

控制键：除了上面所学的键外，还有一些控制键，如：Ctrl、Alt、Delete 等。

（3）编辑键区：编辑键区共有 13 个键，下面 4 个键为光标方向键，按下该键，光标将向 4 个方向移动。

（4）数字键区：该区域通常也叫作小键盘，可进行数据输入等操

作。当第一个键盘指示灯亮起时，该区域键盘被激活，可以使用；当该灯熄灭时，则该键盘区域被关闭。

（5）其他功能区：主要指的是状态指示灯，位于键盘的右上方，由 Caps Lock、Scroll Lock、Num Lock 三个指示灯组成。

键盘的使用：键盘上的 F 键与 J 键上有凸起的一横，这是两手食指分别所放的位置；然后两个拇指放在空格键上；其余手指依次放在"ASD"与"KL;"键上。当手指位置放好之后，各个手指对应的控制区如图 1-9 所示。

图 1-9　键盘的使用

1.2.3　认识输入法

输入法指的是输入编码方式而不是实现文字输入的软件。五笔字型输入法、自然码输入法、郑码输入法、笔画输入法都属于汉字编码方法。汉字输入法编码只有搭载在输入法软件上才可以在电脑或手机上打出汉字，当然也有手写输入法。

找到电脑桌面下面的输入法标志▦，单击即可打开输入法。如果找不到该标志，可以通过打开"开始""控制面板"，在分类视图中打开 "■日期、时间、语言和区域设置"，再打开 ■区域和语言选项"，在弹出的窗口中单击语言 区域和语言选项 ，再单击"详细信息"打开输入法。区域选项 语言

将鼠标移动到▦上，右击，然后单击"设置"，打开"文字服务

和输入语言"对话框。单击语言栏，在弹出的"语言栏设置"对话框中，取消桌面上显示语言栏左边的"√"，单击确定按钮，观察变化。

（1）输入法的添加：在任务栏提示区，右击"输入法图标"，在弹出的快捷菜单中，单击"设置"，打开"文字服务和输入语言"对话框。单击"添加"，弹出"添加输入语言"对话框，将"键盘布局/输入法"前面的复选框勾选上，并在下面的列表中选择所需的输入法，确定即可。

（2）输入法的删除：在任务栏提示区，右击"输入法图标"，在弹出的快捷菜单中，单击"设置"，打开"文字服务和输入语言"对话框。在下面的列表中选择要删除的输入法，点击"删除"按钮，即可删除输入法。

1.2.4　搜狗拼音输入法

搜狗拼音输入法是搜狗（Sogou）公司于 2006 年 6 月推出的一款 Windows/Linux/Mac 平台下的汉字输入法。搜狗拼音输入法与传统方法不同的是，采用了搜索引擎技术。由于采用了搜索引擎技术，速度有了质的飞跃，在词库的广度、词语的准确度上，搜狗都远远领先于其他输入方法，用户还可以通过互联网备份自己的个性化词库和配置信息。搜狗拼音输入法已经成为我国主要的汉字拼音输入法之一，用户可以免费使用。

搜狗拼音输入法的下载：打开浏览器，输入 www. baidu. com，在方框内输入"搜狗拼音输入法"，搜索引擎会自动找到满足条件的链接。如图 1 - 10 所示，选择第二个链接下面的"立即下载"，再选择对应的保存路径，这样搜狗拼音输入法的安装包便顺利下载到电脑上，接下来需要做的工作就是安装。

网页　新闻　贴吧　知道　音乐　图片　视频　地图　文库　更多»

百度为您找到相关结果约3,570,000个　　　　　　　　▽搜索工具

官方下载百度输入法，颠覆输入体验!纯净无打扰 - win8输入法设置　　推广链接

百度输入法，输入智能纠错，强大词库学习功能，海量表情和皮
肤，轻盈不卡机，颠覆输入体验!
输入法设置 - 拼音输入法下载 - 五笔输入法下载 - 下载
ime.baidu.com 2015-09 ▾ V₃

搜狗输入法最新官方版下载_百度软件中心

电脑版　Android版　iPhone版　Mac版

版本: 7.7.0.6788
大小: 37.9M
更新: 2015-09-15
环境: WinXP/Win2003/Vista/Win7/Win8
已通过百度安全认证，请放心使用

立即下载

图 1-10　搜狗拼音输入法的下载

　　搜狗拼音输入法的安装：找到安装包下载后对应的目录路径，双击具有 S 标志的文件，系统会自动弹出安装界面向导，我们只需点击右下角的"同意"或"下一步"，直至系统自动弹出安装完成，点击完成即可，此时搜狗拼音输入法已经在电脑中安装好了。（小提示：软件完成之后，其安装包的有无或位置变动是不会影响软件的正常使用的，可以将其删除，以免占用电脑的存储空间，也可以将其移动到其他位置，以便下次使用。）

　　另外，有些电脑系统中自带搜狗拼音输入法，如果系统中有搜狗拼音输入法，以上两步则可以跳过。

　　搜狗拼音输入法的使用：当输入法安装完成之后，即可开始使用。那如何调用刚刚安装的输入法呢？方法其实很简单，在电脑界面中最下边的任务栏右边找到类似 CH 的图标，单击此图标找到搜狗拼音输入法，点击一下即可。需要注意的是，此操作最好在需要输入的时候进行，因为如果默认输入法不是搜狗输入法的话，当切换至另一个输入界面时，输入法可能在此界面首先使用的还是键盘英文输

入。如果需要将搜狗输入法设为默认输入法，只需在调出输入法时找到![图标栏]栏，单击最右边的那个扳手形状的图标，找到并单击"输入法管理器(G)"，如图1-11所示。

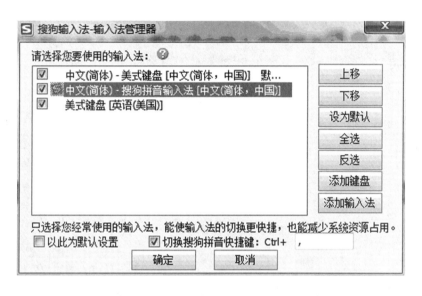

图1-11　利用搜狗拼音输入法管理器设置默认输入法

单击搜狗拼音输入法，单击右边第三个按钮"设为默认"，这样搜狗拼音输入法便设置为默认输入法了。

由于拼音输入法的重码较多，比如我们要输入"加"这个字时，输入的拼音是"jia"，在候选窗口中出现的字有很多，每个字的前面有序号，若"加"的序号是2，此时只需要按主键盘中的2这个数字键，"加"就输入了。如果要输入"伽"，候选窗口中没有显示出来，此时需要按"＝"键向后翻页，直到出现有"伽"的这一页，按对应的序号就可以输入"伽"。按"－"键向前翻页。

为了减少重码可以输入词组，如"家庭""理解"等只需要输入拼音"jiating""lijie"，然后在候选窗口中选择对应的序号即可。

1.2.5　手写输入法

在最新的搜狗拼音输入法中含有一个插件，该插件可以让我们通过鼠标进行手写输入，即手写输入法。

手写输入法的打开：根据上节的方法将输入法调成搜狗拼音输入法，然后找到搜狗拼音输入法的  栏，单击最右边的那个扳手形状的图标，找到并单击"扩展功能(N)"，然后将鼠标移至"手写输入"并单击，这样便弹出手写输入界面，如图1－12所示。

图 1－12 手写输入法界面

手写输入法的使用：利用鼠标左键可在界面上进行手写，如图1－12所示。当输入完成后，系统会自动识别我们所写的字，并在右边选择栏中提供可能的字供选择，而右上方的大框便是系统认为的最接近的字，在右边选择栏中单击对的那个字，这样你所写的字便可以输入到电脑中了。

另外，如果所写的字在右上框中出现，可以按照提示，双击鼠标便可确认输入。如果在写字的过程中，写错一笔，可点击左下角的"撤销"按钮，输入法会取消刚才输入的那一笔。如果选择框中没有我们想要的字或对所写的字不满意，可以点击左下角的"重写"按钮进行重新书写。

1.2.6　输入法的启动和切换

一般情况下，输入法随电脑的开机而启动，输入法不需要我们进行任何操作便自动在电脑后台运行着。在我们输入文档或查找资料需要调用时只需进行相应的输入法切换即可。

输入法的切换有以下两种方法：

（1）单击输入法图标，弹出菜单，选择一种中文输入法（如搜狗拼音输入法），前面打钩的就是我们正在使用的输入法。

（2）按 Ctrl + Shift 组合键，可切换不同输入法（按一次切换一种）。

1.3　Windows 操作系统

1.3.1　Windows 常用组件

所谓的 Windows 组件是指 Windows 系统自带的游戏、通信工具、系统工具和辅助工具等应用程序。用户可以根据需要安装 Windows 组件或删除。如果不愿意让孩子们玩游戏，就可以选择删除 Windows 自带的游戏。具体方法这里不做详细阐述，可以通过百度找到相应的方法。

1.3.2　桌面

当电脑开机后，我们首先看到的界面便称为电脑桌面，简称桌面，如图 1 - 13 所示。

桌面是操作电脑的基础，就像工作台一样，所有的操作都要在它上面完成，电脑工作台就是桌面。下面就一起来学习下电脑桌面是由哪些部分组成的，各自的功用有哪些。

桌面图标　　　　　　　　　　　　　桌面背景

开始菜单　快速启动栏　　应用程序栏　　　　　　　语言栏　系统通知区

图 1 - 13　Windows 桌面

1. 桌面背景

如图 1 - 13 所示，一般地，Windows 操作系统中我们所看到的后面的整体画面，称之为桌面背景。可以根据个人喜好进行修改，如把自己的照片或其他图片作为桌面背景。

2. 桌面的工作区

桌面上的大片空白区域称为工作区，上面可以放置各种图标、文件、应用程序、文件夹等，如图 1 - 13 所示。

3. 桌面的任务栏

如图 1 - 13 所示，桌面任务栏一般由以下 5 个部分组成。

开始菜单：通过该菜单可以打开系统中安装的软件和程序以及某些系统设置功能。

快速启动栏：可以快速启动该区域里的软件和程序。

应用程序栏：该区域显示目前正在运行的程序窗口。

语言栏：显示目前运行的语言种类，并可切换输入法。

系统通知区：显示时间日期、系统图标及一些正在运行的程序。

16

1.3.3 窗口

打开电脑上的应用程序(文件夹)时所弹出的框,我们称之为窗口。每个窗口负责显示和处理某一类信息。我们可随意在任一窗口上工作,并在各窗口间交替使用,通常情况下可以同时打开多个窗口,但不能同时处理两个及以上的窗口。某时刻正在使用的窗口,称为活动窗口。

窗口是用户界面中最重要的部分,它是屏幕上与一个应用程序相对应的矩形区域,包括框架和客户区,是用户与产生该窗口的应用程序之间的可视界面。通过关闭一个窗口可以终止一个程序的运行;也可以用通过选择对应的应用程序(文件夹)窗口来选择相应的应用程序。

1.3.4 对话框

对话框是一种特殊的窗口,它包含许多按钮和各种选项,可以通过它们完成特定的命令或任务。对话框与普通窗口的区别是,它没有最大化按钮、没有最小化按钮以及大都不能改变形状大小。对话框是人机交流的一种方式,当我们需要计算机执行相应的命令时,可以通过对话框进行设置。对话框中包括单选框、复选框等。

1.3.5 开始菜单

开始菜单是视窗操作系统中图形用户界面的基本部分,可以称为是操作系统的中央控制区域。在 Windows 7(以下简称 Win 7)界面下,开始按钮位于屏幕的左下方,其图标为 。开始菜单包括一个可以自行制定的用来运行程序的"程序"菜单,列有使用文档的"文档"菜单、查找文档和寻找帮助的菜单、进行系统设置的菜单。Windows XP的新式开始菜单则加入了使用程序的列表、"文档"菜单等等,而

Windows Vista 的开始菜单加入了搜索栏。

单击"开始菜单"，再把鼠标移动到"所有程序"，单击，依次往下拉，安装在电脑上的所有程序都会显现出来，选中要运行的程序，如"迅雷下载"，单击就可以打开。

1.3.6 控制面板

控制面板是 Windows 图形用户界面的一部分，可通过开始菜单访问。它允许用户查看并操作基本的系统设置，比如添加/删除软件、控制用户账户、更改辅助功能选项。打开控制面板的方法为：单击开始菜单，在右边栏中找到控制面板，单击便可以弹出如图 1 - 14 所示的窗口。

图 1 - 14 控制面板界面

控制面板按类别可分为系统安全、用户账户、Internet 网络、外观、硬件和声音、时钟和语言、程序、访问这八大类。每一类都有其各自的作用，都可以对系统的某方面进行相应的控制。

1. 外观与主题

分别选中"外观和个性化"下面的更改主题、更改桌面背景、调整屏幕分辨率，然后分别单击，可以对 Windows 的窗口边框、图标、菜单的外观、桌面背景、屏幕保护程序、鼠标指针、显示字体的大小等进行设置。

设置桌面背景： 将鼠标移到桌面上的空白处，然后右击鼠标，会弹出鼠标右键菜单，单击菜单上的"属性"。接下来在"显示/属性"窗口上单击"桌面"标签，打开"桌面"选项卡，单击"背景"栏下的墙纸名字，每单击一个名字，该名字下就会出现蓝色色块，"背景"栏的显示器上也会出现该墙纸的预览图案。如果想查看更多墙纸，可用鼠标拖拽旁边的下拉滑块，就会看到背景列表上的所有墙纸名字。当选择新墙纸后，点击"确定"按钮关闭该窗口。

2. 网络和 Internet 连接

选中"网络和 Internet"后单击，再选中"本地连接"，双击打开"本地连接→属性→常规"，如图 1-15 所示。

图 1-15　网络状态

图 1-16　网络属性

在图 1-15 中，单击"属性"打开如图 1-16 所示的网络属性界面，单击选中"Internet 协议(TCP/IP)"，在弹出的 Internet 协议属性窗口里选中"使用下面的 IP 地址"，其中将"IP 地址"设为申请到的 IP，如"192.168.0.1"，将"子网掩码"设为"255.255.255.0"，再输入网关和 DNS，按"确定"返回。

3. 用户账户

选中"用户账户和家庭安全"后单击，然后选中"添加或删除用户账户"，双击打开，可以对电脑用户的信息进行设置，如用户密码、登录方式等。

4. 添加/删除程序

选中"程序"后单击，再选中"卸载程序"，双击打开，可以在此项中添加程序或删除 Windows 组件和其他应用程序。如选中"QQ 软件"，右击可以选择"删除"，单击卸载软件。

5. 日期、时间、语言和区域设置

选中"时钟、语言和区域"后单击，再选中"更改键盘或其他输入法"，双击打开，可以修改电脑语言（或日期、时间、数字、货币）的设置。

6. 声音、语音和音频设备

选中"硬件和声音"后单击，再选中"查看设备和打印机"，双击打开，可以对音箱、录音设备配置进行设置。

7. 性能和维护

选中"轻松访问"后单击，再选中"使用 Windows 建议的设置"，双击打开，对电脑进行日常维护（清理硬盘空间、备份电脑数据、查看电脑软硬件情况）等操作。

1.4 文件管理

1.4.1 认识文件和文件夹

当家中衣服数量较多时，我们通常会对衣服分类放置在不同的橱柜中；同样，计算机文件较多时，通常可使用文件夹对文件进行归纳存储。文件夹是用来协助管理计算机文件的，每一个文件夹都可以存放一个或若干个文件以进行相应的分类，以便进行归纳和查找文件，而文件夹本身不占据电脑存储空间。在 Windows 中一般是通过"计算机"来管理文件与文件夹的。具体操作如下：双击桌面上的"计算机"图标，打开"计算机"窗口。在"计算机"窗口中，"硬盘"栏显示了电脑中所有已分区的驱动器分区，通过访问这些驱动器可以访问到电脑上储存的所有文件与文件夹。双击某个驱动器图标即可打开该驱动器窗口。

（1）在"有可移动存储的设备"栏中会根据不同电脑的配置显示出不同的内容。

（2）在"计算机"窗口的左侧有一个文件夹目录窗格，在该文件夹目录窗格中显示了"桌面""库""控制面板"和"网络"等内容，点击前面的倒三角图标就会展开下一级目录。单击某个文件夹后，右侧窗口工作区就会显示该文件夹的内容。

文件与文件夹的基本操作包括新建、选定、打开、移动、复制、命名和删除等。

1.4.2　创建和选定文件夹

（1）创建文件夹：创建文件夹首先把鼠标箭头放置在空白的地方，点击鼠标右键，鼠标箭头右方会出现功能菜单，如图 1 – 17 所示。

依次看下去，标记有"新建"字样，然后把鼠标箭头放置在"新建"字样时会出现一系列新建的对象，例如"文件夹、Word、公文包、日记本文档……"，用鼠标箭头点击文件夹，就会在桌面空白的地方创建一个新的文件夹，接下来输入你想要的文件夹名即可。注意，如果你未更改文件夹名，则默认文件夹名为"新建文件夹"。

（2）选定文件（夹）：直接用鼠标单击某个文件（夹）即可将其选定，选定后的文件（夹）上会出现一个蓝色的方框。

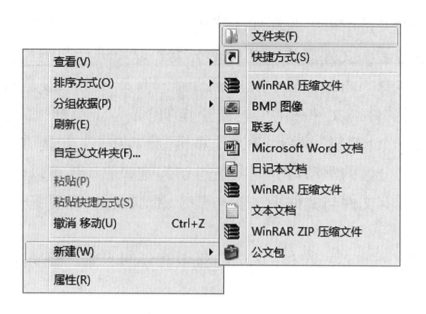

图 1-17　新建文件夹

选定多个文件(夹)主要有以下三种方法：

➤按住鼠标左键不放，向任一方向拖动，此时屏幕上鼠标拖动的区域会出现一个蓝色的矩形框，放开鼠标后，蓝色矩形框内所有的文件(夹)都被选中。

➤先选定一组文件(夹)的第一个，然后按住"Shift"键不放，再单击这组文件(夹)的最后一个，则这两个文件(夹)之间的所有文件(夹)都被选中。

➤除了可以用按住"Shift"键不放，单击第一个和最后一个文件(夹)的方法选定全部文件(夹)外，还可以按"Ctrl + A"键选中全部文件(夹)。

当文件夹被选中后，便可以进行下一步的操作，如打开文件，选中文件(夹)后，右击文件(夹)，选择打开，这样便将文件(夹)打开了；当然也可以通过双击文件(夹)的方式来打开文件(夹)。

1.4.3　移动文件(夹)

当需要移动文件(夹)时，先单击选中要移动的文件(夹)，如果需要选择多个文件(夹)则按住键盘上的 Ctrl 键，再依次选择想要选取的文件(夹)，然后按住鼠标左键不放，将文件(夹)拖至指定的位置即可。

另外，移动文件(夹)也可以通过剪切文件(夹)，然后粘贴的方式进行。具体操作为选中文件(夹)，然后右击鼠标，选择剪切，然后再在指定位置进行粘贴即可，这样文件便从原来位置移动至指定的位置。

1.4.4 复制文件(夹)

当需要复制文件(夹)时，先单击选取要移动的文件(夹)，然后右击鼠标，选择"复制"，然后在指定位置处(另一个文件夹里)右击，选择"粘贴"，便成功地将文件(夹)复制到指定位置了。

另外，也可以选定要复制的文件(夹)，然后按"Ctrl + C"键，将文件夹复制到剪贴板上。在目标文件夹窗口中按"Ctrl + V"键，即可将选定的文件(夹)复制到目标文件夹窗口中。如果用户要把电脑的文件(夹)复制到"我的文档"文件夹中，可采用快捷方法：选定要复制的文件(夹)后单击鼠标右键，在弹出的快捷菜单中选择"发送到/我的文档"命令，可将选中的文件(夹)复制到"我的文档"文件夹中。

1.4.5 删除文件(夹)

当不再需要某个文件(夹)时，可以在单击选中文件后，右击选择删除，便可将文件放入回收站。电脑系统里的回收站好比家中的垃圾篓，而文件(夹)则好比家中的物品，文件不再需要使用时便可以"扔掉"。

如果文件被误删，可以在电脑桌面双击"回收站"，选择需要的文件(夹)右击，选择"还原"，这样便可将文件(夹)恢复到删除之前的位置；当然也可以通过移动文件的方式将其移至你想放置的任意位置。

当你想完全将"回收站"中的文件(夹)删除时，可以打开回收站，

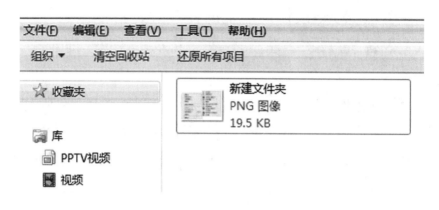

图 1 - 18　回收站

如图 1 - 18 所示。单击左上角的"清空回收站"，这样回收站里的所有文件将彻底从电脑中删除，就好比你将垃圾篓中的垃圾扔到外面的垃圾站去了。

值得注意的是：回收站的文件一旦清空之后，将不可恢复，所以清空前请慎重考虑。

1.4.6　命名和重命名

（1）新文件（夹）的命名：按照上面介绍的方法创建好文件（夹）后，就会在文件夹下方出现带阴影部分的字体"新建文件（夹）"，把那些字删掉再输入自己想要的文件（夹）名即可。

（2）要对文件（夹）重命名有两个方法。

方法一：选中文件（夹），右击选择重命名，然后输入你想要的名字，之后在电脑其他任意空白处单击一下，文件便被重新命名了。注意：文件重命名时文件不能是打开状态。

方法二：选中文件（夹），然后按键盘上的 F2 键，接下来输入新名字，其他步骤参考方法一。

1.4.7　文件的其他管理操作

文件除了以上管理方法外，还有其他常用的管理方法，如查看方式、排序、分组，查看属性和搜索文件夹等，如图1-19所示。

图1-19　文件的查看方式

（1）查看方式：通过更改查看方式来改变文件夹内的文件显示方式。常用的显示方式有：大图标、中等图标、小图标、列表、详细信息等。通过单击图1-19中右上角的粗线框内的图标来更改查看方式；也可以通过右击任意空白处，移至"查看"处，再单击选择喜欢的查看方式。

（2）排序方式：可以通过一定的方法将文件夹内的文件按照一定规律进行排序，排序可以按名称、修改日期、大小、类型等进行，可以升序也可以降序排列。具体步骤为：如图1-19所示，右击任意空白处，移至"排序方式"处，再单击选择我们所喜欢的排序方式；用同样的步骤可以选择希望的排序是升序还是降序（默认为升序）。

（3）分组依据：可以通过一定的方法将文件夹的文件按照一定规律进行分组，分组可选择的依据和排序的依据差不多。具体步骤也和设置排序一样：如图1-19所示，右击任意空白处至"分组依据"处，再单击选择我们所喜欢的分组方式即可。这里需要注意的是，如果想取消分组，可以重复上述分组步骤，在选择分组方式中选择"（无）（N）"便取消了分组。"（无）（N）"选项只有在分组完成后才可以看到。

（4）查看文件夹属性：右击文件夹，一般其属性出现在功能选项的最后一个，点击属性就会跳出一个小小的属性页面。

（5）搜索文件夹：点击电脑左下角 图标，进去 里面会出现一个"搜索程序和文件"字样，点击输入要找的文件夹，在上方就能显现出来。

2 常用电脑软件

2.1 Windows 系统软件

2.1.1 画图程序

相比于 Windows XP 等旧系统，Win 7 的画图工具已经改进了不少。在 Win 7 中，画图程序的主要功能就是图片处理，一些简单的比如裁剪、旋转、调整大小等，根本无需动用 Photoshop 这样的大型程序，使用 Win 7 的画图程序就能轻松实现。

打开方式：打开桌面左下角的开始菜单，单击"所有程序"→"附件"→"画图"，即可启动 Win 7 画图程序，界面如图 2-1 所示。

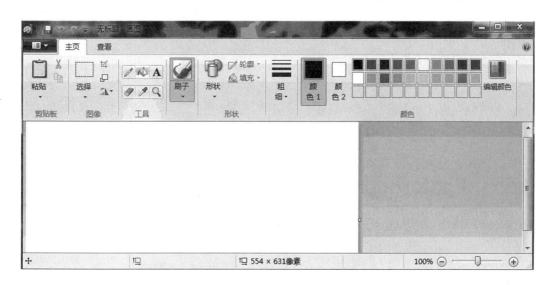

图 2-1　画图程序界面

打开图片：首先单击左上角的 ▣▾ 图标，选择里面的"打开"，在对话框中找到想编辑的图片所在的位置，选定图片后单击"打开"，画图程序便顺利打开了该图片；若是该图片的原始尺寸较大，可以通过画图程序右下角的滑动标尺进行调整，将显示比例缩小，这样便于在画图界面查看整个图片。当然，也可以在画图的查看菜单中，直接点击放大或缩小来调整图片的显示大小。

查看或编辑图片：画图程序提供了很多方便的工具，通过使用这些工具可以让图片编辑更加轻松。在查看图片时，特别是需要了解图片部分区域的大致尺寸时，利用标尺和网格线功能，可以方便用户更好地利用画图功能。操作时，在顶部的查看菜单中勾选"标尺"和"网格线"即可。有时图片局部文字或者图小而看不清楚，这时可以利用画图中的"放大镜" 🔍 工具，放大图片的某一部分，方便查看。操作时，鼠标左键单击放大，鼠标右键单击缩小，放大镜模式中可以通过侧边栏和底部栏来移动图片的位置。觉得图太大需要裁剪时，可以利用面板上的"选择"工具对所需要的部分进行框选。在选择完成后，点击工具栏上面的"裁剪"工具，画图软件便裁剪出需要的那部分图片；裁剪完成后，如果对裁剪后的效果满意，可以单击 ▣▾ ，选择"另存为"，然后选择图片的格式，选择文件存放位置及填入文件名称后保存即可。

如果不习惯使用系统自带的作图工具，还可自己下载 Phtoshop CS5，下载地址：http：//fzl. qt263. cn/gg3. htm，进入下载页面后，会弹出有如下按钮的页面，如图 2 - 2 所示。

图 2 - 2　Photoshop 下载页面

单击"本地下载"即可，会自动跳到下载页面，来到下载页面点击 Photoshop CS5 下载地址即可自动下载。完成下载后，双击安装包会显示如图2-3所示的安装页面。

..(上层目录)						
Adobe Photoshop CS5	367.21 MB	152.52 MB	文件夹	2011-04-01 14:49:...		
命令行示例	1 KB	1 KB	文件夹	2010-05-10 00:59:...		
@快速安装.exe	753.23 KB	726.06 KB	应用程序	2010-12-20 01:17:...	E26B319F	Deflate
安装说明.txt	3.99 KB	2.51 KB	文本文档	2010-12-20 01:34:...	C37D5C25	Deflate
去下载吧看看.url	1 KB	1 KB	Internet 快捷方式	2009-01-10 11:55:...	3C994592	Deflate

图2-3　Photoshop 安装页面

点击"快速安装.exe"就会出现快速安装页面；安装完成后会在桌面生成一个 PS 图标，双击这个 PS 图标，就能启动软件，软件打开后如图2-4所示。上面部分是菜单栏，左侧是工具选项，右边栏是调板；中间区域就是图片打开的地方。

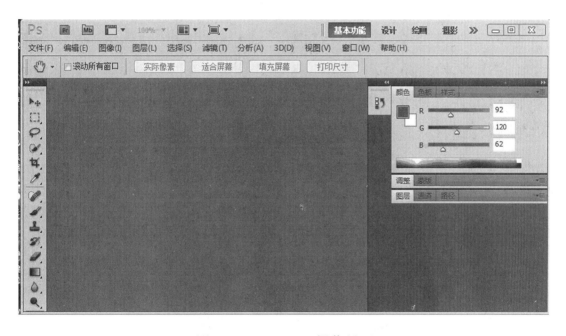

图2-4　Photoshop 操作界面

新建文件：选择"文件"→"新建"命令，弹出如图2-5所示的"新建"对话框，在该对话框中可以输入"新建文件的名称、设定图像的尺寸、宽度、高度、分辨率以及颜色模式"等参数。

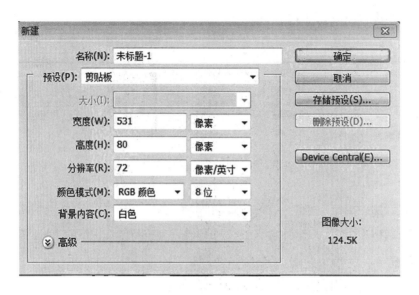

图 2-5　新建文件

保存文件：选择"文件"→"保存"命令，可以选择适当的图像格式来保存当前文件。格式有"BMP、GIF、JPG"等。

裁剪工具：点击裁剪工具图标 ，把鼠标移至图片上，按住鼠标左键后移动鼠标，裁剪效果如图 2-6 所示。

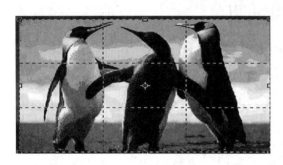

图 2-6　裁剪效果

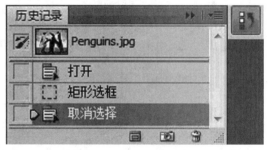

图 2-7　历史记录

文件恢复：在右侧调板中有如图 2-7 所示图标，点击就能显示历史记录，想回到任意步骤都行，点击即可恢复。

清理：点击编辑选项，找到清理项使用。

合并：点击"图层"→"样式"→"图像叠加"就可以合并图片了。

背景设置：点击右边栏的"颜色"调板可显示当前背景色或者背景色的颜色值，如图 2-8 所示。

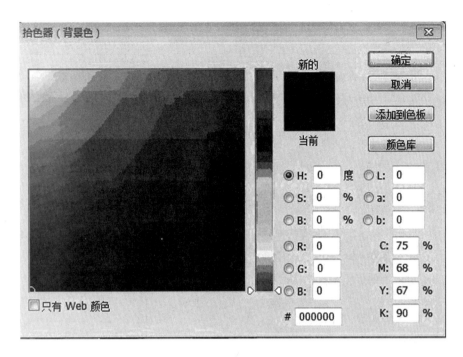

图 2-8　背景色设置

单击"颜色"调板右上角的"调板菜单"按钮，可选择不同的颜色模型。通过拉动"颜色"调板中的滑块，可调整 RGB、CMYK 等颜色的模型色彩来改变前景色或者背景色，也可以从底部的四色曲线图的色谱中选取前景色或者背景色。

2.1.2　录音机

Win 7 下有个简便的录音功能，可以简单快速地实现实时录音。这里需要说明的是，台式机录音时需要有相应的输入设备，如带麦克风的耳机或者话筒等。笔记本电脑一般自带录音装置，不需要输入设备就可进行录音。

方法与步骤：将麦克风连接好，然后单击"开始"菜单→"所有程序"→"附件"，单击选择"录音机"方式，就可以打开该功能。录音机的界面如图 2-9 所示。

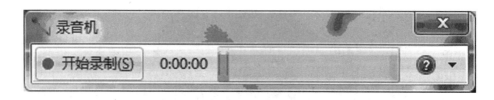

图 2 - 9　录音机界面

打开录音机后，单击"开始录制"，这时就可以进行录音了，只需要对着麦克风说话或唱歌就可以记录下我们的声音。当录音结束时，单击"停止录音"，这时候会弹出"另存为"对话框，选择录音文件的保存地址，即希望文件所保存的位置，然后修改或输入录音文件名，单击"保存"即可。

2.1.3　计算器

Windows 附带的计算器常常被人们用来进行简单的加减乘除计算。殊不知，随着版本的升级，它简单的身形背后隐藏着许多生活实用功能。其实，它不仅仅是一个简单的加减乘除运算器，还可以很方便地自动进行计量单位换算、日期时间换算，以及租赁抵押贷款、汽车油耗里程等计算；甚至可以在一些很专业的工作中发挥重大作用。

图 2 - 10　计算器基本界面

打开计算器：单击"开始"菜单→"所有程序"→"附件"，单击选择"计算器"，就可以打开该功能，计算器的界面如图 2 - 10 所示。

计算器功能：别看计算器界面简单就认为它的功能简单，除了基本的简单计算外，计算器还有许许多多的其他方便的功能。单击"查看"菜单，可以更改计算器的使用类型，如：点击"科学型"可以将计算器切换成科学计算器，进行更为复杂的数学运算；"程序员型"可以进行各种数学进制运算上的切换等;"统计信息"则可以将计算器切换为可以进行统计分析及运算的强大分析计算器。

在日常生活中,我们经常要进行一些单位换算。以往遇到这些问题,我们总是先查手册搞清单位之间的换算关系,然后套公式或用计算器来计算。有了 Windows 计算器,这件事情就简单多了。Windows 自带的计算器能够很方便地进行包括功率、角度、面积、能量、时间、时长、速率、体积、温度、压力、质量等多方面的单位转换。点击计算器工具的"查看"→"单位转换",计算器就会马上变身为一个带有单位转换扩展功能的计算器。在右侧窗口的上方选择要转换的单位类型(比如"面积"),然后选择要转换的面积单位(比如"公顷"),再选择转换到的面积单位(比如"平方公里"),输入要转换的面积数量(如 67),结果马上显示为"0.67 平方公里"。

时间计算看似是一个很简单的问题,但是,由于涉及大月、小月、闰年等,如果要计算从某个日期到另一个日期的天数,或者计算从某个时点过去若干天之后是哪个日期,没有一点历法知识是算不准的,用计算器则可以轻松解决问题。通过"查看"→"日期计算"即可启动日期计算型界面,选择计算类型为"计算两个日期之差"或"到指定日期的天数",选择或输入参数,点击"计算"即可获得结果。

购房抵押贷款计算、物品租赁计算、汽车油耗和里程计算等,这些生活中常见的问题也曾难倒了不少用户。有了 Windows 计算器,这些计算也是小菜一碟。我们可以通过"查看"→"工作表",选择要计算的类型,到达所需界面,输入基本参数来完成即可。

2.1.4 Windows 照片查看器

前面讲到的画图软件是用来进行图片创作及编辑的,当只需对本地文件夹内的图片进行浏览时,使用 Windows 照片查看器就能够简单快速地实现图片的预览与切换。Windows 照片查看器是集成在 Windows 操作系统中的一个看图软件,它是我们常用的图片浏览工具。

在未安装其他图片浏览软件之前，系统将默认用它来浏览图片。

打开图片：找到所需要打开的图片的位置，在图片上单击鼠标右键，选择"打开方式"→单击"Windows 照片查看器"，系统将自动打开"Windows 照片查看器"并显示图片内容。或左键双击该图像，即可进行浏览。这里需要说明的是，Windows 照片查看器的打开方式与前面讲到的程序打开方式有一些不同，该程序需要先找到图片，通过打开图片方式来调用该程序。Windows 照片查看器的界面如图 2 – 11 所示。

图 2 – 11　Windows 照片查看器界面

打开图片后可以点击下面的前进键和后退键进行上一张和下一张图片的浏览，并可简单处理图片。

（1）**放大图片**：放大图片是指在浏览时对图片进行放大浏览，而图片文件本身不变。双击要浏览的图像，打开"Windows 照片查看器"→单击"放大镜"按钮，图片被放大，窗口右侧和下侧出现滚动条（此时将鼠标指针移向图像浏览区中将变为带"＋"号形状的放大镜）。在图像浏览区中单击鼠标，图片继续放大，按"Esc"键退出放大状态。另外，当鼠标指针直接置于图片浏览区时，也可以通过向前或者向后滚动鼠标的滚轮键来对图片进行放大或缩小。

（2）**旋转图片**：拍照时若将数码相机竖着拍摄高、远的景致，拍出来的照片的方向会不便于浏览，这时可以将其旋转。双击要旋转的图像，打开"Windows 图片和传真查看器"→单击"顺时针旋转"按钮或"逆时针旋转"按钮，将图片恢复为正常显示状态。

2.1.5　音频、视频播放器

Win 7 系统中自带的音频、视频播放器为 Windows Media Player。使用 Windows Media Player 可以播放、编辑和嵌入多种多媒体文件，包括视频、音频和动画文件。Windows Media Player 不仅可以播放本地的多媒体文件，还可以播放来自 Internet 的流式媒体文件。Windows Media Player 的界面如图 2－12 所示。

图 2－12　Windows Media Player 界面

1. 播放多媒体文件、CD 唱片

使用 Windows Media Player 播放多媒体文件、CD 唱片的操作步骤如下：

（1）单击"开始"按钮，选择"更多程序"→单击"Windows Media Player"，打开"Windows Media Player"窗口。

（2）若要播放本地磁盘上的多媒体文件，可选择"文件"→"打开"命令，选中该文件，单击"打开"按钮或双击即可播放。

（3）若要播放 CD 唱片，可先将 CD 唱片放入 CD-ROM 驱动器中，单击"CD 音频"按钮，再单击"播放"按钮即可。

2. 更换 Windows Media Player 面板

Windows Media Player 提供了多种不同风格的面板供用户选择。要更换 Windows Media Player 面板，操作如下：

（1）打开 Windows Media Player 窗口。

（2）单击"外观选择器"按钮。

（3）在"面板清单"列表框中选择一种面板，在预览框中即可看到该面板的效果。单击"应用外观"按钮，即可应用该面板。单击"更多外观"按钮，可在网络上下载更多的面板。

3. 复制 CD 音乐到媒体库中

利用 Windows Media Player 复制 CD 音乐到本地磁盘，操作如下：

（1）打开 Windows Media Player。

（2）将要复制的音乐 CD 盘放入 CD-ROM 中。

（3）单击"CD 音频"按钮，打开该 CD 的曲目库。

（4）清除不需要复制的曲目库的复选标记。

（5）单击"复制音乐"按钮，即可开始进行复制。

（6）复制完毕后，单击"媒体库"按钮，即可看到所复制的曲目及其详细信息。

（7）选择一个曲目，单击"播放"按钮或单击右键，然后在弹出的快捷菜单中选择播放即可播放该曲目，也可在弹出的快捷菜单中选择将其添加到播放列表中，或将其删除。

将曲目添加到播放列表的操作步骤为：

（1）单击"媒体库"按钮，打开 Windows Media Player 媒体库。

（2）单击"选择新建播放列表"按钮，弹出"新建播放列表"对话框。

（3）在"输入新播放列表名称"文本框中可输入新建的播放列表的名称，单击"确定"按钮即可。

（4）选中要添加到播放列表中的曲目，单击"添加至播放列表"按钮，在其下拉列表中选择要添加到的播放列表即可。

2.2 应用软件

应用软件是计算机系统使用的基本组成部分，应用软件是为满足用户不同领域、不同问题的应用需求而提供的那部分软件，它可以拓宽计算机系统的应用领域，放大硬件的功能。

2.2.1 360安全卫士软件管家

360安全卫士软件管家可以管理计算机系统中的各种应用，提供了一个应用软件下载平台，许多各种类型的软件都可以通过此平台进行下载和安装。

搜索360安全卫士：双击桌面的"Internet Explorer"，进入浏览器，在搜索框内输入"360安全卫士"，点击旁边的"百度一下"，如图2-13所示，在给出的链接中选择最前面的那个带有"官网"二字的链接，这样便进入360官方网站。

下载360安全卫士：打开网页后，向后滚动滚轮，将页面移至"360安全软件"栏，单击360安全卫士下面的"下载"，会弹出下载对话框，如图2-14所示。

选择"保存"，然后选择保存路径，请注意所选择的路径位置和文件的名称，下面的步骤将会用到文件所在的位置和文件名称，然后单击"保存"，这样安装文件将下载到电脑里。

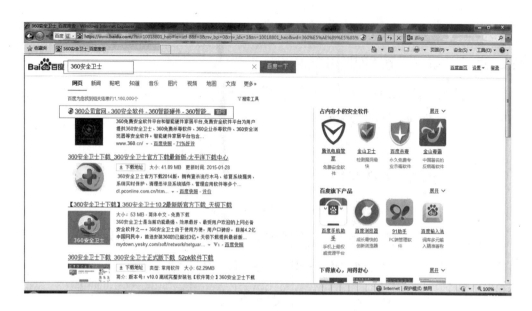

图 2 - 13　搜索 360 安全卫士

图 2 - 14　安装文件的下载

安装 360 安全卫士：根据下载路径的位置，找到界面中刚才下载的名称为"inst"的文件，双击打开（也可以先右击再单击选择"打开"）。打开文件后进入安装界面，点击"安装"，系统就会自动将软件安装到电脑中，待出现完成界面，系统会自动启动 360 软件。第一次打开界面时软件会提示进行适当的配置和一些基础功能的介绍，只需要一直点击"下一步"即可打开 360 安全卫士，如图 2 - 15 所示。

图 2 – 15　360 安全卫士软件界面

　　点击图 2 – 15 右下角的"软件管家"工具，便可以打开软件管家。如果觉得这样的打开方式太麻烦，可以生成桌面快捷方式，如图 2 – 16所示。

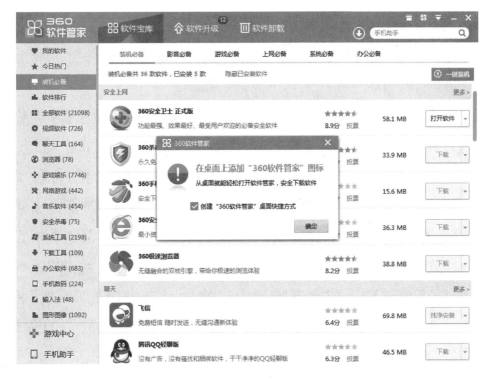

图 2 – 16　360 软件管家界面

360 安全卫士软件管家是 360 安全卫士应用工具之一，其主要功能就是进行软件管理。软件管家的整体界面分成 4 大部分：分类栏、功能选项栏、主界面栏和搜索框。分类栏在界面的左边，软件将各式各样的软件分成各种类型，方便我们选择软件和了解软件功能。功能选项栏位于正上方，主要有三个选项卡供选择，分别是软件宝库、软件升级和软件卸载。主界面栏占界面的绝大部分，主要是根据不同的选项卡显示相应的内容。搜索框在右上角，主要作用是提供软件的搜索功能。

1. 软件查找与安装

打开软件管家后，就可以进行软件的查找和安装。如图 2 - 16 所示，在软件宝库选项卡中进行适当的查找工作，查找完成后，单击软件右边的"下载"按钮即可。而软件的查找分为以下两种情况：

（1）当我们确切地知道所需要的软件名称时，可以点击软件管家界面右上角的"查找"框，在里面输入想要查找的软件名称，如"搜狗输入法"，或模糊名称，如"输入法"，输入完成后点击图标右边的放大镜进行查找，软件管家将会对可能满足需求的软件进行列表式排列。选择想安装的软件右边对应的"下载"按钮后，软件管家将自动为我们下载好该软件。

（2）当我们不知道需要的软件名称时，可以在右边的分类栏中选择一个感兴趣的类型，软件管家将会推荐各种软件。如：点击"装机必备"，该类会推荐一些电脑使用过程中可能经常用到的各种类型的软件，拖动右边的滚动栏（或向后滚动鼠标滚轮）可以浏览更多可供选择的内容。在该类软件中找到我们需要的软件，例如"360 手机助手安卓版"，点击图标右边的"下载"，待旁边的进度条达到 100% 时，软件管家便已将该软件下载至电脑当中。然后点击旁边的"下载"将变成"安装"，单击该按钮，便出现对应软件的安装界面，如图 2 - 17 所示。

在弹出软件安装界面后，按照对应的步骤点击相应的按钮便可以快速地完成软件的安装工作，如图 2 – 17 所示安装手机助手后，点击"立即使用"，软件就会自动完成对应的安装工作。

图 2 – 17　360 手机助手安装界面

2. 软件升级与卸载

随着时间的推移，软件的开发公司会对软件进行相关的优化和更新，这时软件的版本也将发布更新的，如果我们想体验最新版本的新功能或界面的话，就需要对软件进行相应的升级。另外，有些软件，在用它处理完相应的功能后，已经很久不用，感觉今后也不会再用，则可以进行相应的卸载工作，将该软件从电脑中移除。利用软件管家可以简单、快速、方便地进行软件的升级和卸载工作。

（1）软件升级：单击"软件管家"打开 360 软件管家，如图 2 – 18 所示。单击软件管家的"软件升级"选项卡（一般有升级软件时会有红色数字提示）切换到"软件升级"界面，软件管家将自动扫描电脑中需要升级的软件，找到我们需要升级的软件，单击右边的"升级"或"纯净升级"，软件管家将对该软件的最新版本进行下载，待进度条达到

100%后，再次点击"升级"或"纯净升级"进入软件安装界面，单击完成对应的安装工作即完成了该软件的升级。

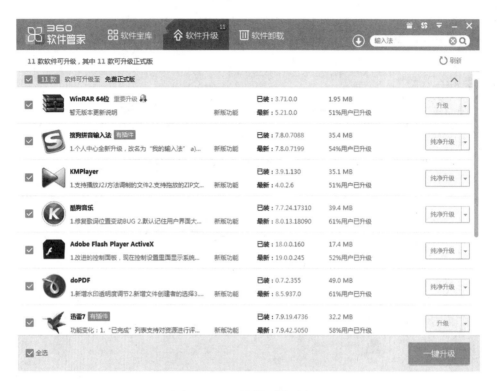

图2-18　软件升级界面

（2）软件卸载：单击软件管家的"软件卸载"项切换到软件卸载界面，软件管家将自动扫描电脑中已安装的软件，找到并选择我们需要卸载的软件，单击右边的"卸载"；也可以点击软件名称前面的复选框，在勾选数个之后，再点击下面的"一键卸载"进行批量卸载。

在单击"卸载"按钮后，将弹出对应软件的卸载界面，按照相应的提示进行单击便可以进行相关的卸载工作。当系统界面上显示成功卸载时，点击"完成"即表示软件已经从系统中移除出去了。

另外，有些软件卸载完成后，软件管家会扫描软件对应的残余文件。如果存在残余的垃圾文件，则软件旁边会显示一个"软件清理"按钮，我们只需要点击该按钮即可彻底地清理软件遗留的垃圾文件，如果没有残余文件残留，则无显示。

2.2.2　WinRAR 软件的安装与使用

1. 安装 WinRAR 软件

WinRAR 是一款功能强大的压缩包管理器，它是档案工具 RAR 在 Windows 环境下的图形界面。该软件可用于备份数据，缩减电子邮件附件的大小，解压缩从 Internet 上下载的 RAR、ZIP 及其他类型文件，并且可以新建 RAR 及 ZIP 格式等的压缩类文件。它是仅有的几个可以读写 RAR 文件的软件之一，因为它保留版权。

WinRAR 的安装方法：首先，通过 360 软件管家进行软件的搜索，如图 2－19 所示。

图 2－19　WinRAR 软件下载和安装

在搜索框内输入"WinRAR"，然后点击搜索。软件会将搜索的结果以列表的形式展示出来，选择 WinRAR 软件，按之前讲过的方法进行下载和安装，点击右边的"下载"按钮待下载完成后，点击"安装"，会弹出软件的安装界面，按照相应的提示点击就可以完成软件的安装了。当 WinRAR 软件安装成功后，电脑上的压缩文件就会以  形式显示在文件列表中。

2. 文件压缩

当电脑中有许多文件或者是大文件需要通过网络进行上传时（比如发邮件），直接进行上传可能会由于文件过多或者文件过大而变得不好处理。利用 WinRAR 软件进行一定的压缩后再处理的话，文件会以单个文件且相对大小也变小的形式展现在文件列表中。文件压缩就好比生活中见到的"真空压缩袋"，当需要出远门时，利用它对我们的"衣服"进行收纳、压缩打包，方便携带且体积缩小。

文件的压缩包括对具体文件（夹）的压缩，压缩需要进行的操作是完全相同的，不同的是文件压缩是对文件本身进行压缩，而文件夹压缩是对文件夹及文件夹内的所有文件进行压缩。有多个文件时，通常先建立文件夹，然后将需要压缩的文件复制或移动到文件夹内，然后对该文件夹进行压缩，这样就完成了多个文件的压缩工作了。

文件压缩的具体操作：找到需要压缩的文件（夹），右击该文件（夹），选择"添加到压缩文件"，会弹出对话框如图 2-20 所示。

图 2-20　文件的压缩

在"压缩文件名"下面的框中填入名称，再在压缩文件格式栏中选择压缩文件类型，同时还可以选择是否在创建完压缩文件后删除源文件（即未压缩前的文件），然后点击"确定"按钮，这样当前文件目录下就会显示一个新压缩文件了。

3. 文件解压

文件有压缩过程就有相应的解压缩过程，当我们收到或从网上下载下来一些压缩文件时，如果想获取里面的文件，那就需要对文件进行解压处理。解压的方法和文件的压缩方法基本类似。首先选择压缩包文件，然后单击鼠标右键选择"解压文件"，再选择文件解压的路径，单击确定即可开始解压，如图 2-21 所示。

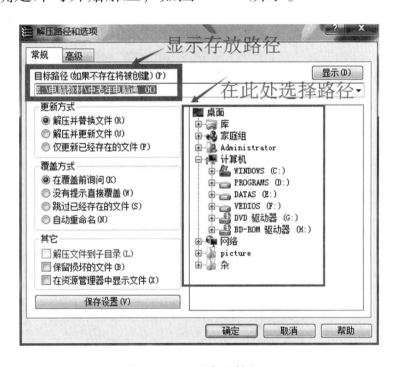

图 2-21　压缩文件解压

2.2.3　刻录软件的下载安装

Nero 是目前世界上最火热的刻录软件，产自于德国。该软件凭借强大的功能以及很好的稳定性在刻录软件领域享有盛誉。

第一步：软件下载

首先，进入 Nero 的官方网站，选择"客服中心"里面的"下载专区"，然后选择页面中"免费试用"的 Nero，这样，我们就进入到 Nero 的下载页面，点击进入官方下载地址。

第二步：软件解压

下载成功之后，直接点击下载文件就可进行安装。Nero 需要对自己的文件进行解压缩，用户需要耐心等待几十秒钟的时间。只有完整地对文件包进行解压缩，安装的程序才是完整的。

第三步：软件安装

双击解压后的 setup 文件，几乎每个软件都会有许可证协议，需要在"I accept the terms in the license agreement"这个选项前打钩，不打钩是无法继续安装的，如图 2 - 22 所示。

图 2 - 22　安装许可证协议

继续安装向导就单击"Next"，如图 2 - 23 所示。

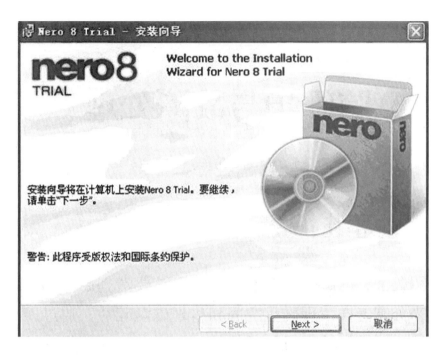

图 2 - 23　安装向导

　　直到弹出如 2 - 24 所示界面，点击"Install"才真正开始安装，刚才那些选项都是为安装做准备的。

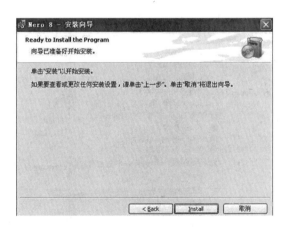

图 2 - 24　安装过程

　　安装过程时间较长，需要耐心等待。在这个过程中最好避免运行较大的程序，以免影响安装速度。

3 电脑维护与故障处理

3.1 磁盘维护

电脑用久了，电脑速度会变慢，这时需要清理磁盘，整理磁盘碎片。接下来分享怎样清理磁盘空间和整理磁盘碎片，通过以下讲到的这两种方法可以提高计算机的运行速度，让电脑性能得到较为全面的提升。（通常每个月清理一次磁盘最好。）

3.1.1 磁盘清理

（1）首先，双击桌面的"计算机"，进入计算机后，看到有已经区分好的盘，选择我们需要清理的盘（这里以 C 盘以例），右击打开快捷菜单，如图 3 – 1 所示。

（2）选择并单击"属性"，会弹出属性界面对话框如图 3 – 2 所示。单击"常规"切换到"常规"选项卡，这时会看到右下角有个"磁盘清理"。

图 3 – 1　选择磁盘进行清理

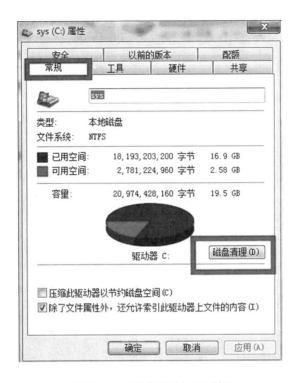

图 3 – 2 磁盘属性对话框

（3）单击"磁盘清理"，出现如图 3 – 3 所示的界面，系统自动对需要清理的硬盘进行扫描，并提示等待一段时间。

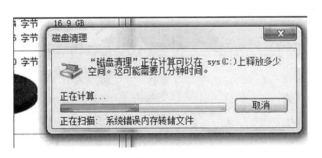

图 3 – 3 清理检查

（4）当扫描完毕后，系统会弹出磁盘清理对话框，如图 3 – 4 所示，显示出电脑中哪些文件是多余的、可以删除的。我们可以选择部分需要删除的文件，也可以选择所有文件。

（5）选择好需要删除的文件后，在图 3 – 4 中单击"确定"按钮，接着会弹出对话框，再选择其中的"删除文件"按钮。

（6）然后系统就会自己进行清理，这个过程可能要几分钟或者更

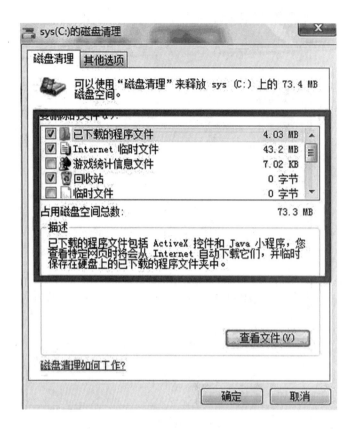

图 3 - 4　选择要删除的文件

长时间, 这取决于需要清理的文件的大小和电脑的 CPU 运算性能。

(7)清理完毕后, 会弹出对话框让我们单击"确定"。这时, 如果仔细观察之前的空间使用情况(如图 3 - 5 所示), 通过对比可以看到, 已用空间减少了, 腾出了一些可用空间, 这样就可以使电脑运行得更快、更流畅。

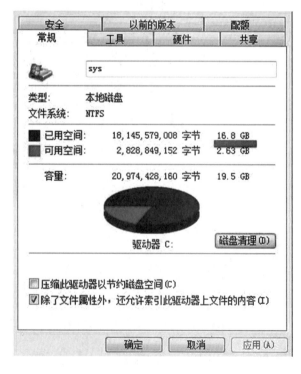

图 3 - 5　清理磁盘后的状态

3.1.2 碎片整理

(1)首先，双击桌面的"计算机"，进入计算机后，看到有已经区分好的盘，选择我们需要清理的盘（这里以 C 盘为例），右击打开如图 3-1 所示的快捷菜单。再单击"属性"，会弹出如图 3-6 所示的属性界面对话框。

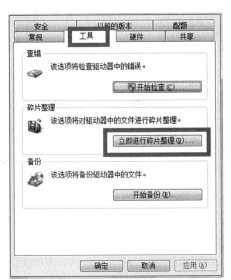

图 3-6　工具选项卡目录

图 3-7　磁盘碎片整理程序界面

(2)单击"工具"切换到"工具"选项卡，这时可以看到中间有个"碎片整理"选项，单击"立即进行碎片整理"按钮，系统会弹出磁盘碎片整理程序界面，如图 3-7 所示。

可以看到界面上有配置计划、分析磁盘、碎片整理等按钮。

注意：此时图 3-6 界面并未自动关闭，如果没有其他需要可以手动关闭它。

(3)单击"配置计划"，可以设置定期（每天、每周或每月）让电脑自动进行磁盘碎片整理，当然如果不喜欢定期的话，可以忽略这个计划。配置计划参考设定如图 3-8 所示。

图 3 - 8　配置计划参考

（4）退出"配置计划"，选择我们认为需要整理或分析的磁盘，先单击选择该磁盘（以 C 盘为例），然后单击"整理磁盘"按钮，弹出磁盘整理程序，如图 3 -9 所示。

图 3 - 9　磁盘整理

（5）开始整理磁盘后，耐心等待一会儿，当碎片整理完毕，系统会更新磁盘对应的"上一次运行时间"下的时间，当时间显示是最新时间就表示碎片整理完毕。

3.2 360安全卫士维护

在第 2 章我们已经安装了 360 安全卫士，这里主要阐述 360 安全卫士的维护功能。

3.2.1 电脑体检

单击桌面的"360 安全卫士"，打开的 360 安全卫士软件界面如图 3－10 所示。单击"立即体检"即可对电脑进行全面、自动的检测和清理。

图 3－10　360 安全卫士软件界面

当自动检查完成后会弹出体检完成界面，如图 3－11 所示。得分越高表示电脑越健康，示例中电脑得分只有 42 分，说明该电脑存在很大的问题。鉴于此，只需要单击"一键修复"，让软件自动进行修复即可完成个人电脑的健康维护。

图 3 – 11　体检完成结果示例

3.2.2　木马查杀

360 安全卫士软件是一款很好的木马防护软件，在木马防护的同时也提供了木马扫描的功能。在图 3 – 10 中，首先，单击左下角的"查杀修复"，之后会显示如图 3 – 12 所示的界面。

图 3 – 12　360 安全卫士的查杀修复界面

单击"立即扫描"即可对电脑的所有关键点进行快速的木马扫描查杀，完成之后如果发现病毒或木马程序，只要点一下"一键处理"即可，如图3-13所示。

图3-13　360安全卫士查杀及修复

这里需要提到的是，界面下有三种扫描方式：快速扫描、全盘扫描和自定义扫描。其中默认的扫描方式（即单击"立即扫描"所执行的扫描方式）为快速扫描，该扫描方式是为了节省时间，只对系统的关键位置进行扫描。全盘扫描是对磁盘的所有位置进行木马查杀的一种扫描方式，相比快速扫描来说更加全面，但也相对更消耗时间。而自定义扫描是用户通过软件对其指定的位置进行扫描，灵活性大。

3.2.3　系统修复

系统修复主要包括常规修复和漏洞修复两大模块。在新版的360安全卫士中，已经将系统修复功能添加到"查杀修复"栏之中。因此要进行系统修复，只需选择对应的修复项。

（1）常规修复：主要是指对电脑使用过程中添加的各种插件、程序组件、文件关联、系统配置操作等进行清理和修复。具体操作为在"查杀修复"界面下，单击"常规修复"，随后界面会自动进入修复界面并对电脑进行扫描，扫描完毕后，会显示可修复项目，如图 3 – 14 所示。

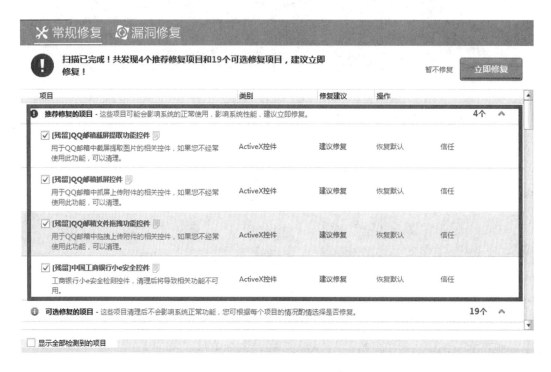

图 3 – 14　常规修复界面

其中红色的表示软件推荐修复的项目，我们只需单击"立即修复"。

（2）漏洞修复：主要是为电脑更新系统的补丁，防止木马和病毒侵入，保证系统安全。360 安全卫士为我们提供的漏洞补丁均由微软官方获取。具体操作为在"查杀修复"界面下，单击"漏洞修复"，随后界面会自动进入修复界面并对电脑进行扫描。扫描完毕后，若显示系统不需要修复高危漏洞，如图 3 – 15 所示，则表示系统良好；若显示出一系列的漏洞列表，则单击"立即修复"来完成漏洞修复，保障电脑安全。

图 3 – 15　漏洞修复界面

3.2.4　垃圾清理

我们在使用计算机时会自动产生垃圾文件，因此需要定期对计算机进行清理，以保证计算机的运行速度。360 安全卫士为我们提供了清理系统垃圾的组件。

垃圾文件，指系统工作时所过滤加载出的剩余数据文件，虽然每个垃圾文件所占系统资源并不多，但是有一段时间没有清理时，垃圾文件会越来越多。垃圾文件长时间堆积会拖慢电脑的运行速度和上网速度，浪费硬盘空间。

"电脑清理"包括六大类别："清理垃圾""清理痕迹""清理注册表""清理插件""清理软件""清理 Cookies"。其中"一键清理"表示同时对这六类进行清理。

具体操作：首先，单击"360 安全卫士界面"左下角的"电脑清理"，之后会出现如图 3 – 16 所示的界面。

单击右边的"一键扫描"按钮，之后只要耐心等待几分钟即可。当垃圾文件扫描完成后会出现如图 3 – 17 所示的界面，我们只要单击"一键清理"即可完成维护工作。

清理垃圾
清理电脑中的垃圾文件

清理痕迹
清理浏览器使用痕迹

清理注册表
清理无效的注册表项目

清理插件
清理无用的插件，降低打扰

清理软件
清理推广、弹窗不常用的软件

清理Cookies
清理上网、游戏、购物等记录

经典版电脑清理　　　　　　　　　　　　　苹果设备清理　系统盘瘦身　查找大文件　自动清理　恢复区

图 3 – 16　电脑清理界面

图 3 – 17　扫描垃圾文件完成界面

3.2.5 优化加速

一般装好操作系统，默认的设置都是有些余地可供用户优化的，即便是优化过的操作系统，只要安装过软件，就有可能自动加载一些随机启动项；有些软件卸载之后，有可能还会有启动项，所以关注操作系统的优化就是系统加速的有效措施之一。360 安全卫士优化加速能有助于全面优化系统，提升电脑速度。

"优化加速"包括四大类别："开机加速""系统加速""网络加速""硬盘加速"。其中可以通过一键优化的方式同时对这四类加速进行扫描加速。

具体操作：首先，单击"360 安全卫士界面"左下角的"优化加速"，之后会显示如图 3 – 18 所示的界面。单击右边的"开始扫描"按钮，之后软件会对当前可以优化的项目进行扫描，耐心等待几分钟。

图 3 – 18　优化加速界面

当垃圾文件扫描完成后会显示如图 3 - 19 所示界面，软件会一一列出需要优化的项目，我们只要单击"立即优化"即可完成优化工作。

这里需要提一下，"启动项"功能对于开机速度有很大影响，若想开机速度加快，可以将无关的启动项关闭，根据 360 安全卫士的建议单击"禁止启动"和"恢复启动"。具体操作为：在图 3 - 19 中，单击右下角的"启动项"，选择不需要的开机启动的项目，单击其旁边的"禁止启动"即可；如果需要让已禁止的项目重新开机启动，可以在列表中找到对应名称，单击"恢复启动"。

图 3 - 19 一键加速扫描完成

3.3 电脑常见故障处理

3.3.1 任务管理器的使用

在电脑系统正常运行的过程中，任务管理器是一个重要的工具。Windows 任务管理器可以用来查看当前运行的程序、启动的进程、

CPU 及内存使用情况等信息。

（1）当系统中的应用程序长时间处于无响应状态时，用户可以通过任务管理器将其关闭。具体步骤为：右键单击任务栏，在弹出来的菜单中单击"启动任务管理器"，如图 3-20 所示。当前正在运行的程序都会显示在任务管理器中，选中要关闭的程序，单击"结束任务"按钮，就可以强制结束程序，如图 3-21 所示。

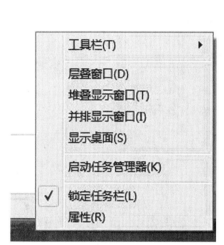

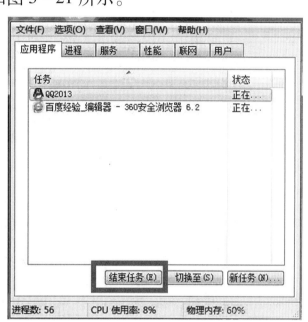

图 3-20　调出任务管理器　　　　图 3-21　通过任务管理器强制关闭

有些后台程序在应用程序的"任务"列表里面没有显示，此时就需要到"进程"选项卡里找到这一进程，选中后单击"结束进程"。

（2）另外，需要强调的一个进程就是"explorer. exe"进程。"explorer. exe"进程是 Windows 程序管理器，也称作 Windows 资源管理器。它用于管理 Windows 图形界面，包括开始菜单、任务栏、桌面和文件管理，删除该程序会导致 Windows 图形界面无法适用。

当系统的图形界面显示出现问题时，可以尝试重启这个进程。

具体操作：在图 3-21 所示界面单击"进程"选项卡，打开如图 3-22 所示界面，选中"explorer. exe"进程，单击右下角的"结束进程"，桌面上将显示空白，这时千万不要急着关闭任务管理器。然后单击任务管理器左上角"文件→新建任务"，在新建任务的窗口，填入"explorer. exe"这一进程，单击"确定"按钮即可。

图 3 - 22　重启 explorer. exe 程序

（3）任务管理器还有一项重要的内容，就是可以查看计算机的性能，具体操作：在图 3 - 21 所示界面单击"性能"选项卡，将选项卡切换到"性能"界面，可以查看电脑内存与 CPU 的使用率、使用记录等各种参数。

3.3.2　其他常见故障及处理

除了任务管理器以外，计算机在日常使用中，难免会出现很多其他问题，这些问题的解决主要根据平时积累的经验，加上在网上搜索的资料。这里我们列举一些电脑使用过程中常见的问题及解决办法。

日常使用计算机中出现的问题一般可以分为硬件问题和软件问题两大类。在处理计算机问题时，一般遵守以下原则：首先怀疑软件问题，再怀疑硬件问题。

1. 软件问题

①发现桌面没有计算机、网络、回收站等常用的图标，如何把它找出来？

答：在桌面空白处单击鼠标右键，选择"个性化"，然后选择右边的"更改桌面图标"，在弹出的对话框中把计算机、网络、回收站等需要的图标勾上，然后单击"确定"即可。

② 桌面 IE 图标不见了，如何解决？

答：在其他的系统盘里，例如在 C 盘以外的盘，首先新建一个文件夹，文件夹取名为"Internet Explorer.｛871C5380-42A0-1069-A2EA-08002B30309D｝"，接着把它复制到桌面。桌面上的 IE 图标就回来了，此图标是电脑系统原本的 IE 图标，不是快捷方式。

③ 桌面不显示图标，但有开始任务栏，如何找出来？

答：在空白处右击"桌面"→"查看"→选上"显示桌面图标"。

④ 系统老是自动弹出网页，什么问题？

答：这种情况一般是由于系统中病毒导致的，解决办法：升级杀毒软件，查杀系统病毒。复制系统自动打开的网址，打开注册表编辑器（"开始菜单"→"附件"→"运行"→"输入 regedit"，"Enter"），在编辑菜单中选择"查找"，在"查找目标"上粘贴刚才复制的内容，打出注册表中的自动弹出网页的键值，并把它们都删除掉。

⑤ 计算机上不了网，如何解决？

答：这种问题要分几步走：先看网线是否接好（电脑屏幕的右下角有一个两台电脑的图标，上面是否有个红色的"×"号，如果有，说明网线没有接好，重新接好网线就可以解决问题）；看计算机的 IP 是否正确，如不正确，把它改过来就可解决；以上两点都没问题，那就是当前网络不通。

2. 硬件问题

① 电脑在正常运行过程中，突然自动关闭系统或重启系统。

答：现今的主板对 CPU 有温度监控功能，一旦 CPU 温度过高，超过了主板 BIOS 中所设定的温度，主板就会自动切断电源，以保护相关硬件。另一方面，系统中的电源管理和病毒软件也会导致这种现象发生。

② 开机后，系统出现"花屏"。

答：开机后系统出现花屏现象一般都是显卡问题，这时可直接更换一块显卡，并重新安装驱动程序。

③ 系统死机，桌面被锁定，鼠标不能动，严重时启动任务管理器（Alt + Ctrl + Del）都不行，还有就是蓝屏现象。

答：死机分两种：真死机和假死机，区分二者的最简单方法是按下小键盘区的 NumLock 键，观察其指示灯有无变化。如果有变化，则为假死机；反之为真死机。假死机可以同时按下 Alt + Ctrl + Del，在出现的任务列表里选定程序名后标注没有响应的项，单击结束任务。真死机，只有强制重新启动了。对于蓝屏，在按下 Esc 键无效后，选择重启，按机箱面板上的复位键。对于兼容性问题，可以从卸载"问题"软件和更新主板 BIOS 及相关主板驱动程序上进行解决。

④ 开机黑屏，没有显示，可能会有报警声。

答：首先确认外部连线和内部连线是否连接顺畅。外部连线有显示器、主机电源等。内部有主机电源和主机电源接口的连线（此处有时接触不良）。比较常见的原因是：显卡，内存由于使用时间过长，与空气中的粉尘长期接触，造成金手指上有氧化层，从而导致接触不良。对此，用棉花粘上适度的酒精来回擦拭金手指，待干后插回。除此之外，观察 CPU 是否正常工作，开机半分钟左右，用手触摸 CPU 风扇的散热片是否有温度。有温度则 CPU 坏掉的可能性基本排除；没温度就整理一下 CPU 的插座，确保接触到位。这之后还没温度，就说明 CPU 出现问题了。如果这些方法都尝试过并全部失败，就只能请专业人员进行检查了。

4 Office 办公软件

4.1 Word 文档文字输入与编辑

4.1.1 认识 Word 2007

Word 2007 拥有新外观，新的用户界面用简单明了的单一机制取代了 Word 早期版本中的菜单、工具栏和大部分任务窗格。新的用户界面旨在帮助用户在 Word 中更高效、更容易找到完成各种任务的合适功能，发现新功能并提高效率。

在 Word 2007 中，功能区是菜单和工具栏的主要替代控件。为了便于浏览，功能区包含若干个围绕特定方案或对象进行组织的选项卡。而且，每个选项卡的控件又细化为几个组，如图 4-1 所示。

①标题栏：显示正在编辑的文档的名称以及正在使用的软件的名称。

②Office 按钮：在需要使用"新建""打开""另存为""打印"以及"关闭"等基本命令时，可单击此按钮。

③快速访问工具栏：此处包含经常使用的命令，如"保存"和"撤销"，也可以添加其他常用的命令。

④功能区：工作所需的命令均位于此处。相当于其他软件中的"菜单"或"工具栏"。功能区能够比菜单和工具栏承载更加丰富的内容，包括按钮、库和对话框内容。功能区主要包括："开始"功能区、"插入"功能区、"页面布局"功能区等。

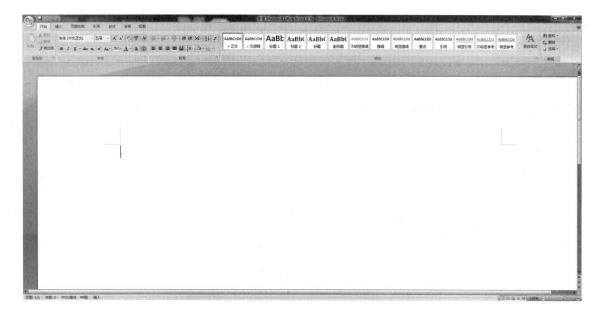

图 4-1 功能区界面

⑤编辑窗口：显示正在编辑的文档。

⑥显示按钮：可根据需要更改正在编辑的文档的显示模式。

⑦滚动条：可更改正在编辑的文档的显示位置。

⑧显示比例滑块：可更改正在编辑的文档的显示比例设置。

⑨状态栏：显示关于正在编辑的文档的信息。

上下文工具使用户能够操作在页面上选择的对象，如表、图片或绘图。当用户选择文档中的对象时，相关的上下文选项卡集以强调文字颜色出现在标准选项卡的旁边。

当用户切换到某些创作模式或视图（包括打印预览）时，程序选项卡会替换标准选项卡集，如图4-2所示。

图 4-2 程序选项卡界面

"Office"按钮 位于 Word 窗口的左上角，单击该按钮，可打开 Office 菜单，会弹出相应的功能菜单。

4.1.2 Word 文档的编写

首先打开 Word 文档，在运行 Word 2007 程序的同时会自动打开一个空白文档，该文档具有通用性设置。空白文档打开后，文档处会有一闪一闪的光标，只需要在键盘上输入就会出现相应的文字。如果需要输入中文，可以将电脑输入法切换成搜狗输入法等。

当输入好文本后，我们可以自由调节字体的大小，方法为：如图4-3所示，首先，将光标置于文本开始处，然后按鼠标左键(称为"单击")；然后在按住左键的同时将鼠标移动到右侧(称为"拖动")以选择该文本；最后，在功能区的"开始"选项卡上，从"字体"的"字号"中选择字体大小(如20)。

图4-3 调节文本字体大小

4.1.3 Word 文档的排版

在生活中我们常会遇到排版的问题，在不懂得使用专业的排版工具时，我们只有用最简单的 Word 文档排版。下面对 Word 文档的排版做简要介绍。

(1)先把要排版的内容导入 Word 文档中，如图4-4所示。

(2)按"Ctrl + A"组合键全选，然后点击页面布局，如图4-5所示，选择纸张大小为 A4，一般情况下我们排版用的纸张大小都为 A4 或者 A3。

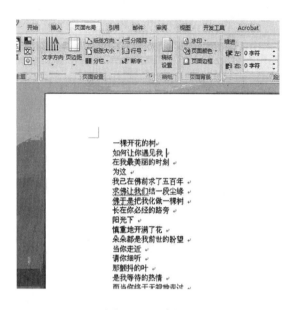

图 4 - 4　例文

图 4 - 5　设置纸张大小

（3）如图 4 - 6 所示，分栏栏目下设置有一栏到三栏，还有偏左和偏右，可以根据自己的需要来选择。此处选择的是三栏。

图 4 - 6　分栏设置

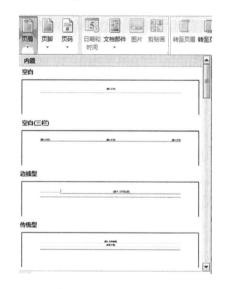

图 4 - 7　页眉选择

（4）如图 4 - 7 所示，点击插入页眉，选择一种样式。此处选择的是传统型。

（5）然后编辑页眉，写上标题日期和小标题，如图 4 - 8 所示。

一棵开花的树
日期
20110909
2011年 9月
今日(T)

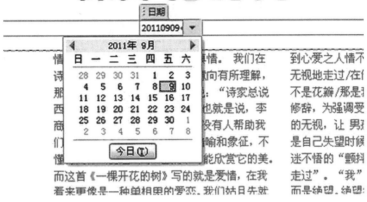

图 4－8　页眉编辑

(6)如图 4－9 所示，接下来把各个部分的标题做一下处理，从字号、字体到颜色等等。

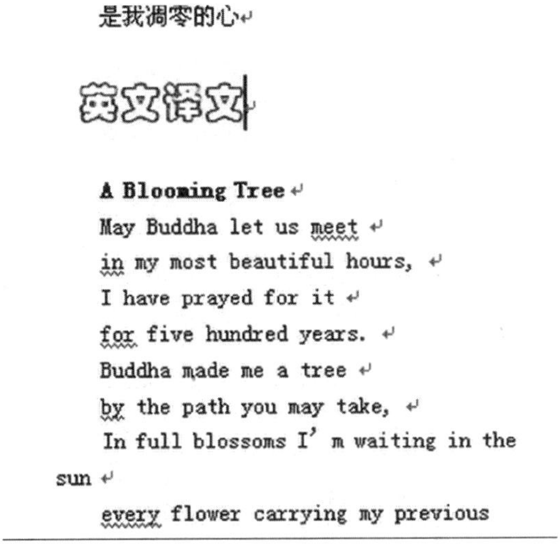

是我凋零的心
英文译文
A Blooming Tree
May Buddha let us meet
in my most beautiful hours,
I have prayed for it
for five hundred years.
Buddha made me a tree
by the path you may take,
In full blossoms I' m waiting in the sun
every flower carrying my previous

图 4－9　正文处理

开始
插入
页面布局
引用
邮件
审阅
视图
插入图片
图片库
NVIDIA Corporation
示例图片
IMG_4177

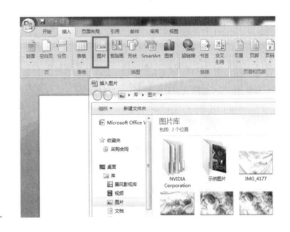

图 4－10　插入图片

(7)如图 4－10 所示，插入图片，选择合适的图片。

(8)如图 4－11 所示，在页面布局当中设置页面边框，可以让排版的页面看起来更加美观。

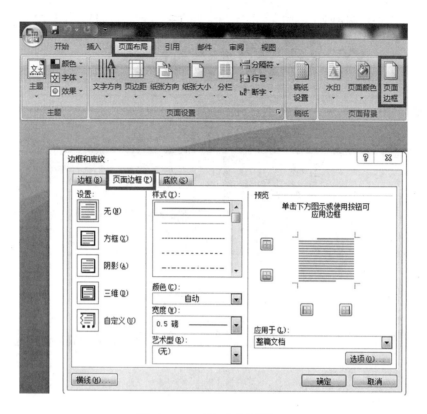

图 4 – 11　页面边框设置

(9)如图 4 – 12 所示，可以加入水印，水印可以自定义。

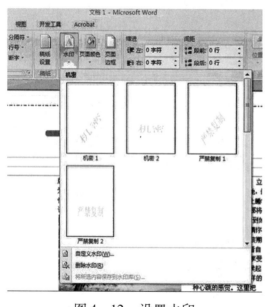

图 4 – 12　设置水印

图 4 – 13　设置页面颜色

(10)如图 4 – 13 所示，设置页面颜色，这里的下拉菜单中有填充效果，可以填充图片。

（11）设置完毕后，点击保存，最后设置完成的结果如图 4 - 14 所示。

图 4 - 14　最终的效果

4.2　Excel 基本操作

Excel 是微软办公软件的一个重要部分，它可以进行各种数据处理、统计分析和辅助决策等，广泛应用于管理、统计、财经、金融等领域。Excel 不仅具有强大的数据组织、计算、分析和统计功能，还可以通过图表、图形等多种形式形象地显示处理结果，更能够方便地与 Office 其他组件相互调用数据，实现资源共享。

4.2.1　插入和创建表格

Excel 2007 的制表功能就是把数据输入到 Excel 2007 中以形成表格，如把学生成绩统计表输入到 Excel 2007 中。在 Excel 2007 中实现数据的输入时，首先要创建一个工作簿，然后在所创建的工作簿的工作表中输入数据。

1. 打开 Excel 创建表格的三种方式

（1）查找桌面的"Microsoft Office Excel 2007"并双击打开；

（2）单击"开始"找到"Microsoft Office Excel 2007"单击打开；

（3）单击"开始"，移动到"所有程序"，再移动到"Microsoft Office"，再找到"Microsoft Office Excel 2007"单击打开。

软件打开后会自动创建一个空白的工作簿，至此就完成了一个表格的创建。创建表格后，在工作表的单元格内输入相关信息，这样便完成了数据插入的工作。

2. 将数据格式设置为表格

（1）在工作表中，选择空单元格区域或包含要快速将其格式设置为表格的数据的单元格区域。

（2）在"开始"选项卡上的"样式"组中，单击"套用表格式"。

（3）当使用"套用表格格式"时，Office Excel 会自动插入一个表格。

（4）在"浅色""中等深浅"或"深色"下，单击要使用的表格样式。

（5）创建一个或多个自定义表格样式后，自定义表格样式将显示在"自定义"下。

（6）创建表格后，"表工具"将变为可用，同时会显示"设计"选项卡。我们可以使用"设计"选项卡上的工具自定义或编辑该表格。

3. 将表格转换为数据区域

（1）单击表格中的任意位置，将显示"表工具"以及"设计"选项卡。

（2）在"设计"选项卡上的"工具"组中，单击"转换为区域"，如图 4－15 所示。

图 4－15　转换为区域

(3)将表格转换为区域后，表格功能将不再可用。例如，行标题不再包括排序和筛选箭头，而在公式中使用的结构化引用(使用表格名称的引用)将变成常规单元格引用。

(4)还可以右键单击表格，指向"表格"，然后单击"转换为区域"。

(5)还可以在创建表格后立即单击"快速访问工具栏"上的"撤销" ，将该表格转换为区域。

4.2.2　工作簿和工作表

所谓工作簿是指 Excel 中用来储存并处理工作数据的文件，换言之，Excel 文档就是工作簿。工作表是显示在工作簿窗口中的表格，是 Excel 完成工作的基本单位。每张工作表由列和行构成的"存储单元"所组成，这些"存储单元"被称为"单元格"。Excel 默认一个工作簿有三个工作表。单元格是工作表格中行与列的交叉部分，它是组成表格的最小单位，可拆分或者合并。单个数据的输入和修改都是在单元格中进行的。

工作簿是 Excel 工作区中一个或多个工作表的集合，其扩展名为 .xlsx。在 Excel 中，用来储存并处理工作数据的文件叫作工作簿。每一本工作簿可以拥有许多不同的工作表，工作簿中最多可建立 255 个工作表。

工作簿、工作表、单元格之间的关系就好比我们通常用的作业本，工作簿就是"作业本"，"作业本"里面的每一页就是一个工作表，而每一页中的"格子"就是单元格。

4.2.3　表格的编辑

通常所说的表格的编辑实际上是对工作表或单元格进行相应的编辑。以下将列举一些常用的表格编辑。

表格数据的修改：打开表格，找到需要修改的数据，单击选择该单元格，直接输入新的数据或名称即可。如果只是删除的话，则可以先选中该单元格，然后按 Del 键。

复制与移动数据： 移动与复制单元格或区域数据的方法基本相同，选中单元格数据后，在"开始"选项卡的"剪贴板"组中单击"复制"按钮或"剪切"按钮，然后单击要粘贴数据的位置并单击"粘贴"按钮，即可将单元格数据移动或复制到新位置。

自动填充： 在同一行或列中自动填充数据的方法很简单，只需选中包含填充数据的单元格，然后用鼠标拖动填充柄（位于选定区域右下角的小黑色方块。将鼠标指针指向填充柄时，鼠标指针更改为黑色十字形状），经过需要填充数据的单元格后释放鼠标即可。

查找和替换： 查找和替换数据的方法基本相同，在当前工作表界面上同时按下"Ctrl + F"键，会弹出查找和替换框，输入相应的关键字点击查找即可。

插入或删除工作表： 在"开始"选项卡上单击"插入"按钮，选择"插入工作表"。要删除一个工作表，首先单击工作表标签选定该工作表，然后在"开始"选项卡的"单元格"组中单击"删除"按钮后的倒三角按钮，在弹出的快捷菜单中选择"删除工作表"命令，即可删除该工作表。

重命名工作表： Excel 2007 在创建一个新的工作表时，它的名称是以 Sheet1、Sheet2 等来命名的，这在实际工作中很不方便记忆和进行有效的管理。要改变工作表的名称，只需双击选中的工作表标签，这时工作表标签以反白显示，在其中输入新的名称并按下 Enter 键即可。

插入行、列和单元格： 在工作表中选择要插入行、列或单元格的位置右击，在弹出的快捷菜单中单击"插入"，出现选项菜单，选择相应命令即可插入行、列和单元格。选择"插入单元格"命令，会打开"插入"对话框。在该对话框中可以设置插入单元格后如何移动原有的单元格。

4.2.4 表格的排版

同时显示多个工作簿: 可以在 Excel 2007 的主窗口中显示多个工作簿。打开要同时显示的多个工作簿，然后在"视图"选项卡的"窗口"组中单击"全部重排"按钮，打开"重排窗口"对话框，如图 4－16所示。

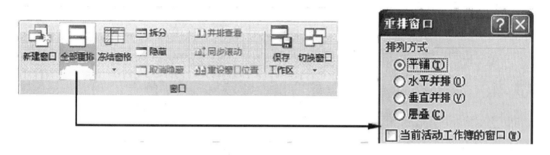

图 4－16 同时显示多个工作簿

拆分: 如果要独立地显示并滚动工作表中的不同部分，可以使用拆分窗口功能。拆分窗口时，选定要拆分的某一单元格位置，然后在"视图"选项卡的"窗口"组中单击"拆分"按钮，这时 Excel 自动在选定单元格处将工作表拆分为 4 个独立的窗格。可以通过鼠标移动工作表上出现的拆分框，以调整各窗格的大小。

设置显示的比例: 如果工作表的数据量很大，使用正常的显示比例不便于对数据进行浏览和修改，则可以重新设置显示比例。方法为: 打开"视图"选项卡，在"显示比例"组中，单击"显示比例"按钮，打开"显示比例"对话框。在对话框的"缩放"选项区域中选择要调整的工作表显示比例。

设置单元格格式: 对工作表中的不同单元格数据，可以根据需要设置不同的格式，如设置单元格数据类型、文本的对齐方式和字体、单元格的边框和图案等。对于简单的格式化操作，可以直接通过单击"开始"选项卡中的按钮来进行，如设置字体、对齐方式、数字格式等。其操作比较简单，选定要设置格式的单元格或单元格区域，单击

"开始"选项卡中的相应按钮即可。对于比较复杂的格式化操作，则需要在"设置单元格格式"对话框中来完成。

设置数字格式：Excel 提供了多种数字显示格式，如数值、货币、会计专用、日期格式以及科学记数等。在"开始"选项卡的"数字"组中，可以设置这些数字格式。若要详细设置数字格式，则需要在"设置单元格格式"对话框的"数字"选项卡中操作。

设置字体：为了使工作表中的某些数据醒目和突出，也为了使整个版面更为丰富，通常需要对不同的单元格设置不同的字体。字体的设置与 Word 里面的字体设置基本相似，框选需要的单元后，在"开始"选项卡的"字体"组中设置相应的字体大小、颜色等即可。

设置对齐方式：所谓对齐，是指单元格中的内容在显示时相对单元格上下左右的位置。默认情况下，单元格中的文本靠左对齐，数字靠右对齐，逻辑值和错误值居中对齐。对齐的设置方法与字体的设置方法基本相似。

调整行高和列宽：在向单元格输入文字或数据时，经常会出现这样的现象，如有的单元格中的文字只显示了一半；有的单元格中显示的是一串"#"符号，而在编辑栏中却能看见对应单元格的数据。出现这些现象的原因在于单元格的宽度或高度不够，不能将其中的文字正确显示。因此，需要对工作表中的单元格高度和宽度进行适当的调整。设置方法如图 4 – 17 所示。如果我们不知道具体参数，可以选择其中的"自动调整行高"和"自动调整列宽"。

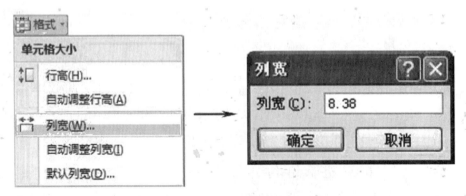

图 4 – 17　设置行高和列宽

4.2.5　公式计算

分析和处理 Excel 2007 工作表中的数据离不开公式和函数。公式是函数的基础，它是单元格中的一系列值、单元格引用、名称或运算符的组合，利用其可以生成新的值。

在 Excel 2007 中，公式遵循一个特定的语法或次序：最前面是等号" = "，后面是参与计算的数据对象和运算符。每个数据对象可以是常量数值、单元格或引用的单元格区域、标志、名称等。运算符用来连接要运算的数据对象，并说明进行了哪种公式运算。

在学习应用公式时，首先应掌握公式的基本操作，包括输入、修改、显示、复制以及删除等。如图 4 - 18 所示，假如年度考核总分为四个季度考核成绩的总和，则当需要知道 1 号员工的年度考核总分时，可以在单元格内输入" = C3 + D3 + E3 + F3"，其中该员工第一季度考核成绩所对应的行为 3，列为 C，故式中 C3 表示该员工第一季度考核成绩，其他同理。利用公式求出第一个结果后，后面的数据可以不用重复输入公式，直接通过前面讲到的自动填充方法进行填充即可。

图 4 - 18　公式的应用

函数：Excel 2007 将具有特定功能的一组公式组合在一起以形成函数，与直接使用公式进行计算相比较，使用函数的速度更快，同时减少了错误的发生。函数一般包含 3 个部分：等号、函数名和参数，如"=SUM（A1：F10）"，表示对 A1：F10 单元格区域内所有数据求和。

插入函数：可以认为输入"="就是公式的开始，故可以在单元格中先输入"="，选择函数的类型，然后根据提示进行相关的操作即可，如图 4-19 所示。

图 4-19　插入函数

4.2.6　插入图表

为了能更加直观地表达工作表中的数据，可将数据以图表的形式表示，通过图表可以清楚地了解各个数据的大小以及数据的变化情况，方便对数据进行对比和分析。Excel 自带各种各样的图表，如柱形图、折线图、饼图、条形图、面积图、散点图等，各种图表各有优点，适用于不同的场合。在 Excel 2007 中，有两种类型的图表，一种是嵌入式图表，另一种是图表工作表。嵌入式图表是将图表看作一个图形对象，并作为工作表的一部分进行保存；图表工作表是工作簿中具有特定工作表名称的独立工作表。

使用 Excel 2007 提供的图表向导，可以方便、快速地建立一个标准类型或自定义类型的图表。具体步骤：选中工作表中的目标数据区域，然后单击"插入"菜单下工具栏中的"图表"分组中的"条形图"按钮，在当前工作表中创建嵌入的条形图，单击其他图表类型按钮，插入其他图表类型的图表。或单击右下角的按钮，打开"插入图表"对话框，如图 4 - 20 所示。

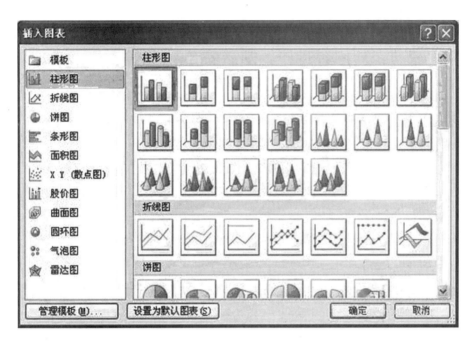

图 4 - 20　快速插入图表

在左侧列表中选择图表类型，在右侧选择子图表类型，单击"确定"按钮即可插入。

在图表创建完成后，仍然可以修改其属性，以使整个图表更趋于完善。如果已经创建好的图表不符合用户要求，可以对其进行编辑。例如，更改图表类型、调整图表位置、在图表中添加或删除数据系列、设置图表的图案、改变图表的字体、改变数值坐标轴的刻度和设置图表中数字的格式等。

4.2.7 数据管理

Excel 2007 拥有强大的排序、检索和汇总等数据管理方面的功能。Excel 2007 不仅能够通过记录单来增加、删除和移动数据，而且能够对数据清单进行排序、筛选、汇总等操作。

数据排序：对 Excel 2007 中的数据清单进行排序时，如果按照单列的内容进行排序，可以直接在"开始"选项卡的"编辑"组中完成排序操作。如果要对多列内容排序，则需要在"数据"选项卡中的"排序和筛选"组中进行操作，如图 4 – 21 所示。

图 4 – 21　选择数据排序

高级数据排序：数据的高级排序是指按照多个条件对数据清单进行排序，这是针对简单排序后仍然有相同数据的情况进行的一种排序方式。方法如图 4 – 22 所示。

图 4 – 22　高级数据排序

数据筛选：数据清单创建完成后，对它进行的操作通常是从中查找和分析具备特定条件的记录，而筛选就是一种用于查找数据清单中数据的快速方法。经过筛选后的数据清单只显示包含指定条件的数据行，以供用户浏览、分析。

自动筛选为用户提供了在具有大量记录的数据清单中快速查找符

合某种条件记录的功能。使用自动筛选功能筛选记录时，字段名称将变成一个下拉列表框的框名。具体操作为直接单击"开始"选项卡的"排序和筛选"组筛选，这样表格中的标题名称栏会出现向下的"倒三角"，可以选择任意列进行筛选，如图4-23所示。

图4-23　数据筛选

使用Excel 2007中自带的筛选条件，可以快速完成对数据清单的筛选操作。但是当自带的筛选条件无法满足需要时，也可以根据需要自定义筛选条件。

分类汇总：分类汇总是对数据清单进行数据分析的一种方法。分类汇总对数据库中指定的字段进行分类，然后统计同一类记录的有关信息。Excel 2007可以在数据清单中自动计算分类汇总及总计值，如图4-24所示。

用户只需指定需要进行分类汇总的数据项、待汇总的数值和用于计算的函数（例如"求和"函数）即可。如果要使用自动分类汇总，工作表必须组织成具有列标志的数据清单。在创建分类汇总之前，用户必须先根据需要进行分类汇总的数据列对数据清单排序。

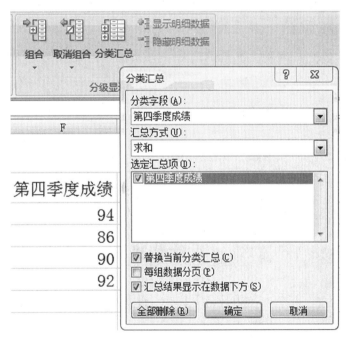

图4-24　创建分类汇总

4.3　PowerPoint 基本操作

4.3.1　认识幻灯片

现在所说的幻灯片通常指电子幻灯片(演示文稿)。幻灯片亦称演示文稿、简报，是一种由文字、图片等制作出来加上一些特效动态显示效果的可播放文件。它是利用包括微软公司的 Microsoft Office 的 PowerPoint、金山公司的 WPS Office 套件中的 WPS 演示、苹果公司的 iWork 套件中的 Keynote 等办公软件制作出来的一种文件。简而言之，就是做演讲时放给观众看的一种图文并茂的图片。

在 PowerPoint 中，演示文稿和幻灯片这两个概念还是有些差别的，利用 PowerPoint 做出来的东西是演示文稿，它是一个文件。而演示文稿中的每一页是幻灯片，每张幻灯片都是演示文稿中既相互独立又相互联系的内容。利用它可以更生动直观地表达内容，图表和文字都能够清晰、快速地呈现出来。可以插入图画、动画、备注和讲义等丰富的内容。

电脑系统通常都是 Windows 系统，而 PowerPoint(PPT)是作为系统自带办公软件而存在的，因此本节涉及的幻灯片，都是通过 PPT 背景来进行相应的讲解。PowerPoint 2007 界面如图 4 - 25 所示。

图 4 - 25 为 PowerPoint 2007 的工作界面，主要分为：工具栏、标题栏、功能区、编辑区、大纲窗格区、备注区、状态栏等几大部分，每个部分都有各自不同的功能和使用方法。

4.3.2　幻灯片文件管理

首先，打开 PPT："开始"菜单→程序→Microsoft Office→Microsoft Office PowerPoint 2007。

通常幻灯片文件的管理主要有新建幻灯片、复制幻灯片、删除幻

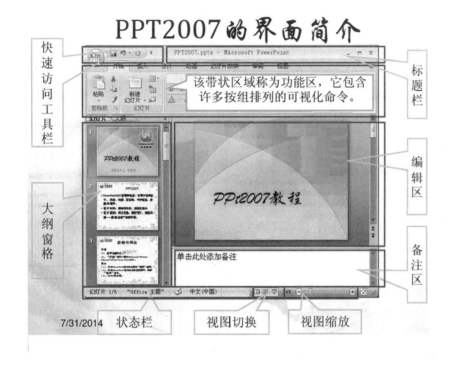

图 4 – 25　PowerPoint2007 界面

灯片、幻灯片排序等。

　　新建幻灯片：通常的方式有两种：第一种，如图 4 – 26 所示在功能区点击"新建幻灯片"；第二种，在大纲窗格的空白处右击，选择"新建幻灯片"，如图 4 – 27 所示。

图 4 – 26　直接新建幻灯片

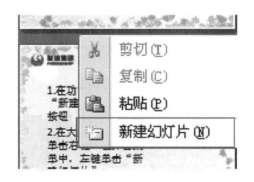

图 4 – 27　在窗格中新建幻灯片

　　选择幻灯片版式：在"开始"选项卡的"幻灯片"组中，单击"版式"，然后单击一种版式。可以使用版式排列幻灯片上的对象和文字，版式定义了显示的位置和格式设置信息。

复制与粘贴幻灯片：在大纲窗格区中，右击需要复制的幻灯片，然后单击"复制幻灯片"，这样便完成了幻灯片的复制。完成复制后，需要进行粘贴。选中目标插入点前面的那张幻灯片，右键单击，在菜单中单击"粘贴"即可。幻灯片的复制与粘贴如图4－28所示。

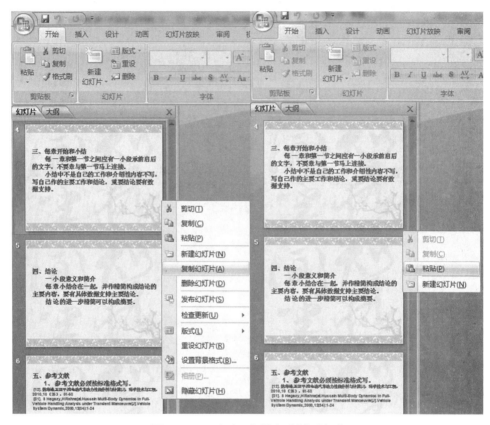

图4－28　幻灯片的复制与粘贴

删除幻灯片：删除幻灯片的方法与新建幻灯片的方法相似，也有两种：一种是左键选择要删除的幻灯片，然后单击功能区中的"删除幻灯片"按钮；另一种是在大纲窗格中右击需要删除的幻灯片，在接下来的菜单中选择"删除幻灯片"。

幻灯片排序：当创建演示文稿时，可能需要更改幻灯片的顺序。方法很简单，只需要在大纲窗格中，选中要移动的幻灯片缩略图，然后将其拖动到新的位置，重复这个步骤几次，即完成了顺序的更改。

4.3.3 幻灯片输入和编辑

1. 文字的添加

文字的添加主要在文本栏中进行，如图 4 - 29 所示，可以将文本添加在幻灯片的下列区域中。

图 4 - 29　文本的添加

添加方法：选中需要添加的对象，直接输入文字。

（1）占位符和文本框中的文字，选中后左键单击要插入文本的位置直接添加。

（2）图形中的文字，右键单击图形，在弹出菜单中选择"编辑文字"。

（3）设置字体：若要更改单个段落或短语的字体，请选择要更改字体的文本，然后点选功能字体编辑区直接变更字体。另外点选功能字体编辑区右下角小箭头打开高级字体设置。

（4）设置文字格式：当选择文字时，在上方功能区里会多出一个"格式"工具栏，如图 4 - 30 所示。

图 4 - 30　格式工具栏

通过该工具栏可以设置文字的多种效果。选中文字后，右键菜单选"设置文字效果格式"可详细调整。

2. 图片编辑

图片的编辑和 Word 基本类似，主要是对图片进行相应的插入及调整。图片的插入是在图 4-31 所示的插图栏完成的。

图片格式设置：当选择一张图片时，和文本类似，在上方功能区里会多出一个"格式"工具栏，通过该工具

图 4-31　插入演示图片

栏可以像设置文字一样给图片设置多种效果，如阴影、立体效果等。

SmartArt 图形：SmartArt 图形是信息和观点的视觉表现形式，主要以图形的形式直观地表示事物之间的联系，让人一目了然地理解各关系之间的递进和层次，如图 4-32 所示。

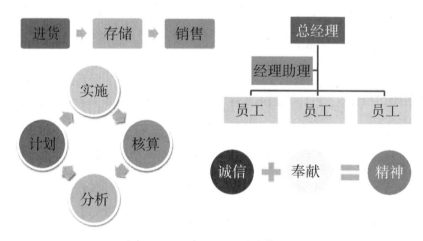

图 4-32　SmartArt 图形展示

常见的 SmartArt 图形有流程式、层次结构式、循环式等等。

插入图表：在制作幻灯片时，我们常需要在其中插入多种 Excel 图表，以通过图形化的方式展现数据的走势和统计分析的结果。如果需要在幻灯片中添加一个新图表，可以利用 PPT 演示中自带的图表工具为幻灯片中添加图表。单击"插入"工具栏中的"图表"，就会在幻灯片中插入一个"柱形图"（系统默认），编辑方法与 Excel 中的图表编辑相同。

3. 表格编辑

（1）添加表格。在"插入"选项卡上的"表格"组中，单击"表格"，

移动指针以选择所需的行数和列数，然后单击。或单击"插入表格"，然后在"列数"和"行数"列表中输入数字。

（2）绘制表格。在"插入"选项卡上的"表格"组中，单击"表格"，然后单击"绘制表格"，指针会变为铅笔状。选择需要自定义表格的位置，沿水平、垂直或对角线方向拖动增加线条。要擦除单元格、行或列中的线条，请在"表格工具"下，在"设计"选项卡上的"绘图边框"组中，单击"橡皮擦"或按住 Shift 键，指针会变为橡皮擦，单击要擦除的线条即可。

（3）插入 Excel 中的表格。在"插入"选项卡上的"表格"组中，单击"表格"，然后单击"Excel 电子表格"即可。

4.3.4　幻灯片母版设置与设计

幻灯片母版是指存储有关应用的设计模板信息的幻灯片，包括字形、占位符大小或位置、背景设计和配色方案。一张统一格式的 PPT 母版不仅可以展示个人的良好形象，同时也省去了制作过程中很多的麻烦。打开 PPT，找到视图选项卡并单击，如图 4－33 所示。

图 4－33　制作幻灯片母版

如图 4－33 所示的母版初始界面中包含了 3 种样式的母版类型：幻灯片母版、讲义母版、备注母版，后两种用得比较少，这里以幻灯片母版为例，点击幻灯片母版进入下一个界面，如图 4－34 所示。

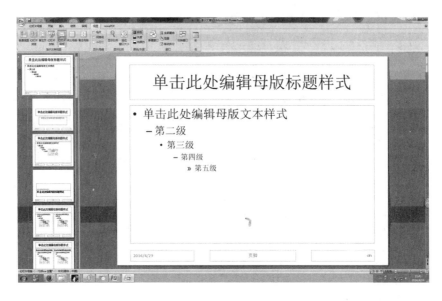

图 4 – 34　母版初始界面

在图 4 – 34 所示的这个界面中，菜单栏内多出一个"幻灯片母版"的选项卡，并且在窗口的左侧列出了很多可选的母版样式，在窗体的中间显示已选中的样式图样，这就是我们所说的母版了，不过这只是一个"胚胎"，还需要进一步加工才行。

接下来就是对母版的设计，添加自己的内容，先在左侧选择布局适合的母版，使用插入命令在标题栏内插入一条横线，并修改相应的标题内容（如图 4 – 35 所示），在右侧输入单位或个人的 LOGO，并做进一步修改。

图 4 – 35　设置标题

再接着可以对背景加以修改，字体、页脚等部位如不需要可以删除，修改后的母版如图 4 – 36 所示。

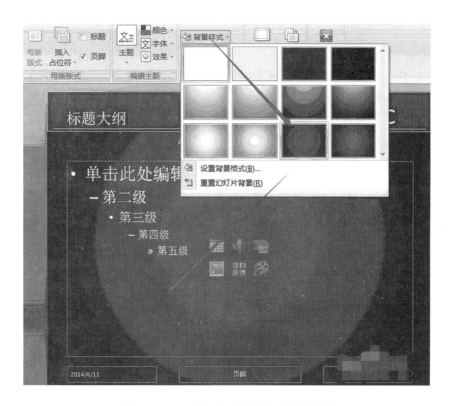

图 4 – 36　添加各种效果后的母版

当所有修改结束后，就可以应用这个母版了，可以先重命名，然后按图 4 – 37 所示关闭，系统会自动保存这一母版。

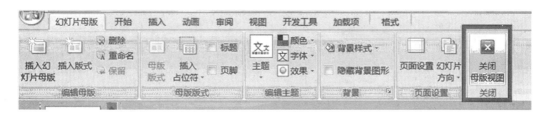

图 4 – 37　关闭并保存母版

设计母版关闭后，可在主界面应用设置的母版，如图 4 – 38 所示。找到前面已设计好的母版，单击一下即已应用。在左侧幻灯片中按鼠标右键选择"新建幻灯片"就可以增加更好的版面，这些版面也都统一使用了母版的样式。

图 4 - 38　应用设置的母版

4.3.5　幻灯片放映效果设置

播放幻灯片操作如图 4 - 39 所示，在功能区选择"幻灯片放映"，可选择"从头开始""从当前开始"或者"自定义放映"。

图 4 - 39　播放幻灯片

幻灯片动画设置：动画是演示文稿的精华，分为幻灯片切换动画和幻灯片对象动画两个部分。在各种动画效果中尤其以对象的"进入"动画最为常用。

幻灯片切换动画：首先单击选中的幻灯片缩略图，在"动画"功能区的"切换到此幻灯片"组中，单击一个幻灯片切换效果；要查看更多切换效果，可在"快速样式"列表中单击"其他"按钮。单击"切换速度"旁边的箭头，然后选择所需的速度设置幻灯片的切换速度。

幻灯片对象动画：如图4-40所示，单击需要设置动画的图形或文字等对象，在"动画"选项卡的"动画"组中，单击"自定义动画"，左键点击"添加效果"，选择需要的进入、强调、退出的效果。若要移除动画，则单击要移除动画的图形或文本对象，在"自定义动画"选项卡的"删除"中去掉动画效果即可。

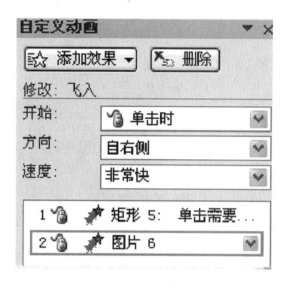

图4-40　自定义动画

自动播放：如希望在放映幻灯片时幻灯片能够自动播放，则可选择PPT软件上方的"动画"选项卡，如图4-41所示，在右上角的"换片方式"部分勾选"在此之后自动设置动画效果"，并在右边的文本框内设置每张幻灯片的时间（单位是秒），然后取消勾选"单击换片时"，接着单击左边的"全部应用"。

图4-41　设置自动播放

完成后如果观看一下制作的PPT，会发现设置的自定义动画快速地执行，无法看清楚幻灯片的内容。这里需要在"自定义动画"里选中每一个项目，并在最后的下拉选项卡中选择"计时"，如图4-42所示。在"延迟"文本框中键入想要放映的时间（如3秒），并单击"确定"。重新观看一遍制作的PPT，检查延时效果是否满意。

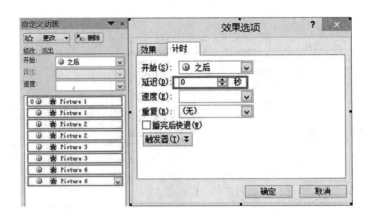

图 4 - 42　设置播放延时

4.3.6　其他常见的应用技巧

图片快速生成幻灯片：在 PowerPoint 2007 的"插入"标签页下，可以找到一个名为"相册"的功能按钮，在下拉菜单中选择"新建相册"，将指定的图片添加到相册列表中，然后单击窗口右下角的"创建"按钮，很快就可以快速生成幻灯片进行展示，这个功能相当实用。

插入视频：PowerPoint 2007 插入视频有两种方法，直接插入法和 Windows Media Player 控件法。

（1）直接插入法。这是最简单的方法，用该法插入的视频，在演示界面中仅显示视频画面，和插入图片十分类似。方法：在 PowerPoint 2007 中单击"插入"标签，点"影片/文件中的影片"，打开"插入影片对话框"，选择影片文件，点"确定"按钮，插入影片的第一帧出现在幻灯片中，选中该视频，可对播放画面大小自由缩放。

（2）Windows Media Player 控件法。如果想自由控制视频的播放进度，不妨采用 Windows Media Player 控件法。

第一步：开启控件功能。默认 PowerPoint 2007 的控件功能处于隐藏状态，因此，用该法前，先开启控件功能。在 PowerPoint 2007 中点 Office 按钮，选择"PowerPoint 选项"，打开"PowerPoint 选项"设置框，在"常用"项中勾选"在功能区显示'开发工具'选项卡"，点"确定"，回到 PowerPoint 2007 编辑界面，则功能区多出一个新选项卡，即"开发工具"。

第二步：插入视频。单击激活"开发工具"选项卡，点"控件"项中的"其他控件"，弹出对话框，选中"Windows Media Player"，点"确定"，鼠标变成"+"状，拖动，则 Windows Media Player 播放界面出现在幻灯片中，选中，点击右键，选择"属性"，弹出对话框，在"URL"项中输入视频文件的路径和全名称（若视频文件和幻灯片文件在同一文件夹中，则无需输入路径）。关闭"属性"框，设置成功。

一张纸打印多幅幻灯片：点击 Office 按钮→打印→打印，或者直接按 Ctrl + P；在"打印内容"一栏中设置为"讲义"，然后再设置一下右边的其他参数，如每页打印幻灯片数、打印顺序、是否加框等，右边有小图预览打印排列效果，设置好之后，确定打印即可。

制作 PPT 的"10/20/30"法则：在使用 PPT 时，怎样做才能取得更好的效果？一些简单的法则，往往含义深刻，让人受益匪浅。日本著名风险投资家盖川崎就提出了 PPT 演示的"10/20/30"法则：①演示文件不超过 10 页；②演讲时间不超过 20 分钟；③演示使用的字体不小于 30 点。

4.4　记事本编辑文档

记事本是 Windows 系统中附带的一个简单的文字编辑工具，记事本编辑软件没有多余的编辑格式，一般以纯文本的形式表现。

打开记事本：首先单击"开始"，然后依次单击"所有程序"→"附件"→"记事本"。打开记事本后就可以在记事本中键入文字了，通过组合键"Ctrl + Shift"可以切换不同的输入法，由于没有格式的限制，我们可以换用不同的输入法，随心所欲地在里面练习打字等。

调整文字格式：虽然记事本中没有太多的文档格式，但是字体和大小的选择还是必不可少的。打开"字体"对话框单击记事本菜单栏上的"格式"选项，然后在弹出的下拉菜单中选择"字体"。设置"字体"，在弹出的"字体"对话框中可以选择"字体""字型""大小"等，设置好后点击"确定"按钮可以看到改变后的结果。

保存文档并退出程序：文字输入完成后，如想保存已输入的文字，只需点击菜单栏上的"文件"，然后在下拉菜单中选择"保存"，最后点击窗口右侧的退出按钮即可退出记事本程序。

4.5 日记本编辑文档

Windows 自带的"Windows 日记本"程序，是一个非常有趣的小工具，能用它来记录心情故事，能用它来涂鸦……打开 Windows 日记本可以使用三种方法：

（1）在"开始/运行"中输入"journal"后按"确定"按钮。

（2）可从"附件/Tablet PC/Windows 日记本"来打开。

（3）只要先从右键菜单的"新建"中选择"日记本文档"，然后再双击此文档即可。

日记本功能及使用：初识此程序，会发现界面很简洁，其实是把很多实用的工具栏都隐藏了。为了方便使用，可以在"查看/工具栏"中将四个选项都选中，我们就能发现其基本功能包括打开、保存、撤销等必备功能；设置手写笔或荧光笔的笔触大小、颜色以及选取工具；设置字体、字体颜色；缩小、放大等查看方式。另外，该日记本程序还内置了多种模板，可从"文件/根据模板新建便笺"里选择音乐、月历、速记等多种模板，满足用户不同的需要。

鼠标指针在它的界面中变成了"手写笔"，我们可以随意涂改。但用手写方式输入文字不太方便。其实只要从"插入"菜单下选择"文字框"，然后在欲输入文字的地方拖出一个选择框，再使用键盘输入，最后设置字体、颜色即可。同样，在"插入"菜单中选择"图片"可将多种格式的图片加进来，还可以随意拖动和缩放。

如果想把用鼠标写出的墨迹变成文字，只要使用"选取"工具选定需要转换的对象，然后点击"操作/把手写转换成文本"即可。想把已经存在的文字加入到日记本中，只要在记事本或 Word 程序选择"文件/打印/日记本便笺书写程序"进行虚拟打印，然后使用日记本的"导入"功能即可。

5 电脑上网入门

5.1 联网设置

当在电脑上安装了新系统后，最重要的一件事就是让其可以连接到互联网。在 Win 7 中，网络的连接变得更加容易操作，它将几乎所有与网络相关的向导和控制程序聚合在"网络和共享中心"中，通过可视化的视图和单站式命令，便可以轻松连接到网络。下面就来看看如何在 Win 7 下使用有线和无线网络连接互联网。

5.1.1 无线网络的设置

如何创建无线网络连接？打开"开始"菜单，点击"控制面板"，如图 5-1 所示。然后点击"网络和 Internet"，如图 5-2 所示。

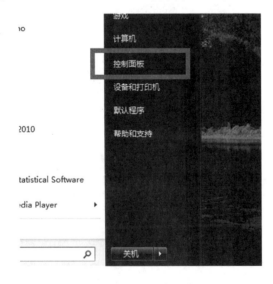

图 5-1　进入控制面板　　　　图 5-2　控制面板界面

进入网络界面后，点击"网络和共享中心"；接着，点击选择下方的"设置新的连接或网络"，如图5-3所示。选择其中的第一个"连接到Internet"项，点击"下一步"。单击"无线"后，桌面右下角出现搜索到的无线网络，如图5-4所示，然后选择要连接的无线网，点击"连接"即可。如果无线网络有密码，则输入密码后方可连接。

图5-3　创建新连接　　　　　图5-4　连接无线网络

需要注意的是，无线网络连接一般情况下仅限于笔记本电脑，大多数台式电脑由于没有安装无线网卡，故无法接收无线信号，也就没有"无线"网络这一选项。

5.1.2　创建宽带连接

参照无线网络的设置，如图5-3所示，点击"设置新的连接或网络"，选择"连接到Internet"，点击"下一步"。单击选择"宽带（PPPoE）"，之后出现如图5-5所示的界面，输入网络服务商提供的信息后点击"连接"。

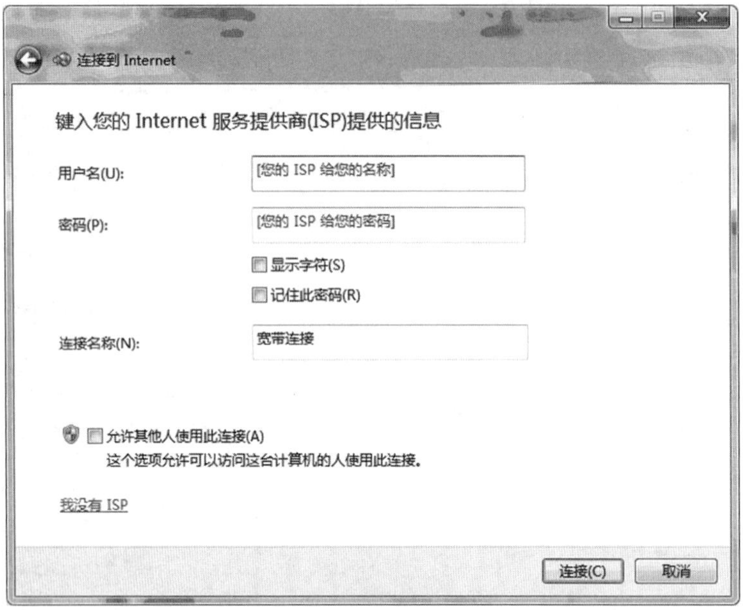

图 5 – 5　连接宽带网络

5.1.3　设置路由器

当网络服务商提供了上网账号和密码时，如何设置通过路由器上网及分享网络呢？通过路由器分享，可以实现一个宽带网分享至家中电脑、手机等各种联网装置。下面介绍如何设置（以 TP-LINK 路由器为例）。

首先，用网线连接好 TP-LINK 路由器和电脑。其中宽带线务必接蓝色的广域网接口，电脑的网线则可以选择任意一个黄色的接口连接。连接完成后，打开电脑浏览器，在浏览器中输入 192.168.1.1 进行搜索，网页会转至 TP-LINK 路由器登录界面，默认的登录用户和密码均为"admin"。

然后，在 TP-LINK 路由器左边找到"设置向导"，点击进入设置向导界面，在设置向导界面中点击"下一步"。在"设置向导—上网方式"界面中，选择"让路由器自动选择上网方式"选项，然后点击"下一步"。TP-LINK 路由器会检测当前的网络环境，只需等待检测完成即可。TP-LINK 路由器检测好当前的网络环境后，进入到上网用户名密码输入界面，在该界面中，在"上网账号"输入框中输入网络服务商提供的上网账号，在"上网口令"和"确认口令"中分别输入网络服务商提供的上网账号及密码，然后点击"下一步"，输入上网用户名和密码后，路由器就完成了自动拨号设置。

接下来设置无线网络(需要路由器具有无线发射功能)。进入"设置向导—无线设置"，该界面用来设置无线网络参数。在"SSID 输入框"中输入无线网的显示名称，该名称用于查找已设置的无线网，在"WPA－PSK/WPA2－PSK PSK 密码"输入框中输入无线密码，该密码即是连接该无线的密码。设置好后，点击"下一步"即可。

最后，设置好上一步后，便进入到设置向导完成界面，点击"完成"即可完成 TP-LINK 路由器上网设置。

5.1.4 网络配置

首先启动电脑，确保网线接好，绿色指示灯亮，点击"开始"找到与网络相关的选项(如没有则直接进入"控制面板"，找与网络相关的选项)，单击打开。再单击选择"本地连接"，右击"属性"，弹出"本地连接属性"窗口，在"常规"选项卡上，拖动"此连接使用下列项目"的下拉菜单，找到"Internet 协议（TCP/IP）协议"，单击"属性"打开"Internet 协议（TCP/IP）属性"窗口，如图 5－6 所示。

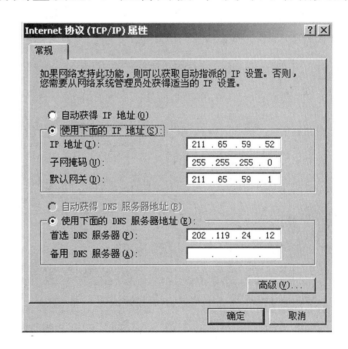

图 5－6　网络协议属性

根据网络中心提供的设置 IP 地址/子网掩码/默认网关以及首选与备用 DNS 服务器，最后单击"确定"，等待网络连接，直至桌面右下角的网络连接符号显示连接上或消失。

5.2　浏览器

浏览器是指可以显示网页服务器或者文件系统的 HTML 文件的内容，并让用户与这些文件交互的一种软件。它用来显示在 Internet 或局域网等的文字、图像及其他信息。这些文字或图像，可以是连接其他网址的超链接，用户可迅速及轻易地浏览各种信息。简而言之，浏览器就是对网页进行浏览访问，进入我们所需要的网站的一种工具。

国内计算机用户常用的网页浏览器有：Internet Explorer、Firefox、Google Chrome、百度浏览器、搜狗浏览器、360 浏览器等。在这些浏览器中，由于 Internet Explorer(IE 浏览器)为 Windows 系统自带，适用范围较广，因此以下在讲解浏览器时主要以 IE 浏览器为例。

浏览器的使用：打开浏览器，在地址栏中输入想要访问网站的地址，比如：www. scut. edu. cn，然后按键盘上的"Enter"键或者用鼠标单击地址栏后面的"转到"就可以进入学校网站的页面。

在页面上，若把鼠标指针指向某一文字(通常都带有下划线)或者某一图片，鼠标指针变成手形，表明此处是一个超级链接。在上面单击鼠标，浏览器将显示出该超级链接指向的网页。如果想回到上一页面。可以单击标准工具栏中的"←"按钮，就可回到上一页面。回到学校主页面后，会发现标准工具栏中的"→"按钮也会亮色显示。单击"→"就又回到刚才打开的页面。

注意：标准工具栏中的按钮若是灰色显示，表明是不可执行。若单击链接页面跳转到一个新窗口，如果不想浏览该内容，那么就只有直接把该窗口关闭了(将鼠标移到窗口右上角的" **x** "单击)。

5.2.1 浏览器设置

浏览器设置里能够设置浏览器的很多操作，如主页、安全、隐私、连接等等，接下来讲解如何更改浏览器设置。

(1)设置主页：主页就是打开浏览器时，浏览器自动跳转的那个页面。首先打开浏览器，点击 IE 浏览器右上角的"工具（O）"按钮。然后在弹出的菜单中选择最后面的"Internet 选项"。在 Internet 选项窗口中找到主页的选项，如图 5–7 所示。

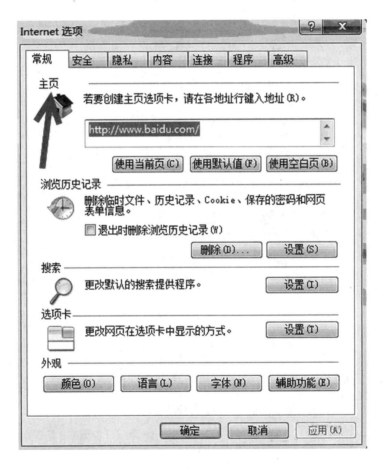

图5–7 常规设置界面

图5–7 显示的是当前设置的主页，可以改成任何我们想要设置的主页。如果想使用 IE 浏览器当前打开的页面作为主页，就点击"使用当前页"；如果想使用浏览器默认的主页，点击"使用默认值"；当然

也可以使用空白页作为浏览器主页。设置完成后，点击"确定"。

（2）设置单/多窗口模式：如前面的方法，找到 IE 工具栏的"Internet 选项"设置，在图5-7的界面中找到"选项卡"栏单击"设置"按钮，会出现"选项卡浏览设置"界面，如图5-8所示。

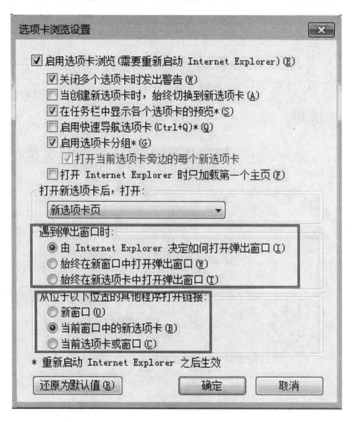

图5-8　浏览设置界面

通常系统默认为单窗口模式，如果需要切换成多窗口模式，在"遇到弹出窗口时"选择"始终在新选项卡中打开窗口"，并且在下一栏中选择"新窗口"，设置完成后，点击"确定"按钮。

（3）默认浏览器设置：当电脑中有多个浏览器时，就需要设置某一款浏览器为默认浏览器。如何将 IE 浏览器设置为默认浏览器呢？和前面操作一样，将界面打开至如图5-7所示的界面，然后在选项卡中点击"程序"，其界面如图5-9所示。只需要点击"设为默认值"按钮就可以把 IE 设置成默认浏览器。如果想确定 IE 浏览器的默认浏览器不被恶意篡改，可以在下面的复选框中勾选。

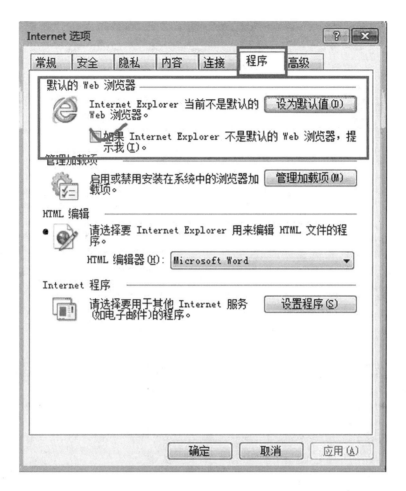

图 5 - 9　设置默认浏览器

5.2.2　打开网页

在电脑桌面上找到"Internet Explorer"图标,双击打开,浏览器会自动跳转至主页(主页是空白的话,表示没设置主页),如图 5 - 10 所示,在地址栏中输入需要访问的网址,如"www. baidu. com",然后点击键盘中的"Enter"键,浏览器将自动跳转至该网页。

5.2.3　浏览网页

当网页成功地转至想要的网址时,就可以浏览该网站提供给用户的各种资源,可以通过按住网页右边的进度条上下拖动或者通过滚动

图 5 - 10　浏览器页面

鼠标滚轮来选择浏览的内容。有些网站提供了搜索框让用户自己输入想了解的内容，然后网站会给出相关的信息供用户浏览。如图 5 - 11所示，通过百度网站进行新闻搜索，浏览相关网页。

图 5 - 11　浏览网页

5.2.4　保存网页中的资料

在浏览网页时，如果发现一些比较有用的文章或资料等要保存到自己电脑时，可以通过以下方法进行保存。

方法一：如果想保存网页中的文字，可以试着按住左键不放然后拖动鼠标进行文字选取，选择好需要的文字后，松开鼠标左键，在文字上右击，选择"复制"，然后在想存放的文件夹内通过右击空白处新建一个文本文档，双击文本文档，打开文本后右击粘贴即可。

方法二：如果是图片、压缩文件或其他资料，可以尝试选定内容后，在上面右击，选"另存为"，找到存放地址后保存。也有些链接会提示直接点击，然后会弹出保存框提示保存。

方法三：也可先将网页保存下来。保存网页的方法：单击浏览器"文件"菜单，选择"另存为"，选择存放位置，输入文件名或用系统自动加的文件名(一般是网页的标题)，如图 5 – 12 所示。

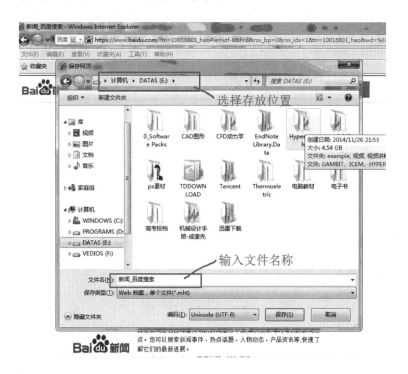

图 5 – 12　保存网页

单击"保存类型"右边的下拉箭头，在列表中选择"网页，全部"，单击"保存"按钮即可。当需要调用该网页时，可以单击浏览器"文件"菜单，选择"打开"，找到文件存放位置，点击"确定"。

5.3 网络资源搜索与下载

5.3.1 百度搜索

百度是功能强大的中文搜索引擎，用户通过百度主页，可以瞬间找到相关的搜索结果，这些结果来自于百度超过数百亿的中文网页数据库。除网页搜索外，百度还提供 MP3、图片、文档、地图等多样化的搜索服务，给用户提供更加完善的搜索体验，满足多样化的搜索需求。

利用百度搜索的步骤为：首先打开浏览器，在搜索页面输入www. baidu. com（百度主页），然后按键盘上的"Enter"键，页面会自动跳转至百度页面。打开百度页面后，可以在搜索框中输入任何想查找的内容。通常百度是通过关键字进行相关的搜索，如果想了解或查找某种资源时，需要输入相关的信息。比如，想从网上下载一幅风景图片用作电脑背景，可以在搜索框中输入"风景 图片"这两个关键词，然后点击搜索框旁边的"百度一下"，网页会自动跳转至相关的内容列表，如图 5 - 13 所示。找到喜欢的图片，单击该图片，会弹出该图片的大图，将鼠标移至大图上然后右击，在弹出来的下拉菜单上选择"图片另存为"，选好存放目录，点击"保存"。

图 5 – 13　图片搜索

5.3.2　网络资源下载

如今，在网上下载资源已经成为是否会用网络的重要标志之一。网上资源众多，不同种类的资源下载方法不尽相同。精通各种下载方法，在面对自己需要的东西时才会临阵不乱。以下集中归纳了资源下载方法，需要提醒的是：在下载之前还是需要通过百度等搜索到所需要的资源，在确定资源是自己所需要的之后，以下方法才有用。

1. 网页文字的下载方法

网页文字的下载是最容易碰到的，不过它的下载方法相当简单。

（1）复制、粘贴法：当需要从网页中下载所需文字时，先用鼠标拖动将文字选中。然后单击鼠标右键，选择"复制"（如果右键菜单被网页屏蔽，可单击编辑菜单中的"复制"项），随后打开记事本或Microsoft Word，执行编辑菜单下的"粘贴"命令，这样就将所选文字复制到文本处理工具中，之后可以进行编辑、保存。

（2）用软件快速保存：如果不想用复制、粘贴来进行下载，则可以用"网页复制大师"等软件来完成，此软件在后台运行，选中需要的文字后，按下"Ctrl＋C"组合键可将所选内容复制且保存到软件所设置的文本文件中。不需要每次都设置要保存的文件，因为用此软件来保存文字内容时，它会自动将每次复制的文字放在同一文本文件中，且放在上次复制的内容后面。

（3）保存网页再编辑：在某些网页中，会出现使用鼠标无法选中文字的情况，当然也就不能进行复制操作了。不过，只要网页可以保存，则可以采取先保存网页文件、然后再编辑的迂回办法来实现对文字的复制：先在 IE 浏览器的文件菜单中执行"保存"或"另存为"命令，将网页保存为一个文件。为简化起见，建议直接选择保存为"文本文件（＊.txt）"，如果是其他格式，则需要用 Word 或 FrontPage 来编辑。余下的操作就是对保存的文件进行编辑修改。

2. 网页图片的下载方法

对于网页中心仪的图片，同样有多种方法可以下载。

（1）"图片另存为"法：在网页中鼠标右键单击图片，然后选择"图片另存为"命令，之后输入文件名即可。这是最简单的保存方法，但不适合于下载含有多幅图片的页面。

（2）图片的批量下载：有一些专门的软件可以将网页中的图片批量下载下来，如"网图（ImageSeeker）"，此软件主要用于批量下载网上图片，它会根据图片文件名的相同特征下载文件名相似的图片，使网上图片的批量下载全自动化，也可以自动搜索网页中的图片，并能够限制下载图片的大小。

3. 网页中歌曲的下载方法

网页中的歌曲分为几种：一种是直接以链接形式给出，它们的下载十分简单，用 IE 浏览器或其他任何一种软件下载工具都可以下载；

另一种是隐含的——当进入网页时就会听到音乐，不过在网页中并没有直接给出音乐的地址。实际上，如果在网页中没有直接给出歌曲位置也不要紧，可以分析源代码。音乐文件基本上就几种格式，当查看网页的源文件时，使用搜索功能查找相应的关键字即可。

4. 软件的下载方法

几乎每个上网的读者都可能需要从网上下载软件，软件也是网络上最多的一种信息资源。初学者学习下载往往从下载软件开始，网上提供软件下载的方式也有多种。

（1）"目标另存为"法：在浏览器中，用鼠标右键单击某个软件的下载链接，会弹出一个快捷菜单，从中选择"目标另存为"，而后将提示选择文件的保存位置并要求输入保存文件名，按要求设置好软件后将开始下载，下载所用时间可长可短。

（2）直接单击下载链接：此法和"目标另存为"法思路相似，只是不用鼠标右键单击链接而是直接左键单击，后面的操作完全相同。

（3）用迅雷等工具下载：对于多数读者而言是使用专用的下载工具来代替直接下载，它们支持断点续传，不用担心断线后要重新下载。

（4）以上列举的都是通过网页搜索后进行下载的方式，对于有些软件可以通过"360软件管家"搜索后进行相关下载。

5. 流媒体的下载方法

"流媒体"是通过 Internet 即时传送到计算机上的数字媒体，主要是音频和视频，通俗地说就是电影和音乐。传统方式提供的电影、音乐等，要下载它们很简单，参照前面的软件下载方法即可。当然，还可以通过专业的视频软件进行视频下载。

6. 网页的收藏与保存

如果打开喜欢的网站，单击网页上方的菜单 ☆收藏∨，在下拉菜单中单击"添加到收藏夹"，如果收藏网站多，可以单击菜单 ☆收藏∨，在下拉菜单里单击"整理收藏夹/新建文件夹"，分类保存。

如果想要将保存的文件保存到电脑，或将其在别的电脑上使用，可以单击菜单 ☆收藏 ∨，在下拉菜单里单击"更多操作/导出收藏"，分类保存。一般在"C：\ My Documents \ Favorites"里可以找到收藏的网站。也可以复制"Favorites"放到别的电脑上的收藏夹里，然后单击菜单 ☆收藏 ∨，在下拉菜单里单击"更多操作/导入收藏"。这样在新的电脑上就不需要记忆网址而从收藏夹里直接打开自己喜欢的网站。

5.4 网上娱乐

5.4.1 在线听音乐

通常在线听音乐有两种方法：一种是利用桌面上的音乐软件在线听，如酷狗音乐、酷我音乐、百度音乐等；另一种是通过网页在线听。

（1）通过软件在线听音乐：这里以酷狗音乐为例，首先需要将酷狗软件安装至电脑中，如果已安装则点击酷狗图标，开启酷狗。如果知道确定的歌名或歌手，可以在搜索栏输入想听的歌手或者歌名进行搜索，然后在列表中选中想听的歌。如果是没有目的地听，可以点击"乐库"，里面有非常丰富的音乐资源，想听哪首就听哪首。在播放过程中，可以进行音量调节，修改播放模式（单曲播放、循环播放、单曲循环播放等）。

（2）通过网页在线听音乐：以百度音乐为例，首先打开浏览器，并在地址栏中输入百度地址，进入百度首页，将鼠标移动到右上方的"更多产品"，找到"音乐"选项，并点击它，页面转到百度音乐的首页。在百度音乐首页中，可以在搜索栏中输入歌名、歌词、歌手或专辑进行查找需要听的歌曲，还可以根据百度音乐的音乐分类选择音乐，比如在排行榜中，听取第一名的歌曲。找到后点击"播放"按钮。点击后，页面转到播放的页面中，可以发现刚才选择的歌曲已经放在网页播放器中。和软件一样，在播放过程中，还可以进行音量大小的调节，播放模式（单曲播放、循环播放、单曲循环播放等）的修改。

5.4.2 在线看视频

与在线听音乐一样，通常在线看视频也有两种方法：一种是利用桌面上的视频软件在线看，如爱奇艺、腾讯视频、暴风影音、百度影音等；另一种是通过网页在线看。

（1）通过软件在线看视频：以爱奇艺为例，首先将爱奇艺软件安装到电脑中，如果已安装则点击桌面上的"爱奇艺视频"，打开该软件。进入"爱奇艺视频"后，可以直接点击喜欢的类型观看视频，也可以在搜索栏搜索视频进行观看（找到喜欢的视频后，点击观看即可），如图 5 - 14 所示。

图 5 - 14　爱奇艺视频界面

（2）通过网页在线看视频：在线看视频与前面的听音乐略有不同，由于很多视频有版权归属，因此如果想看更多更全面的视频，一般都是先通过百度进行搜索，然后在给出的列表中选择有权限播放该视频的视频网站，进入网页观看即可。另外，如果没有对特定的某个电影或电视剧有要求，可以像观看电脑视频一样，只需进入提供视频的网站进行观看。常用的视频网站有：优酷、爱奇艺、腾讯视频、搜狐视频、PPTV 等。进入这些视频网站的方法：在百度中输入网站的名字，然后在给出的列表中找到带有"官网"标志的链接，点击进入。

6 网络通信

6.1 QQ 网络聊天

6.1.1 申请及登录

首先安装腾讯 QQ，然后双击打开，如图 6–1 所示。单击界面上的"注册账号"，弹出的网页如图 6–2 所示，在页面中，填写相关的资料：昵称、密码、性别等。

图 6–1 QQ 软件运行界面

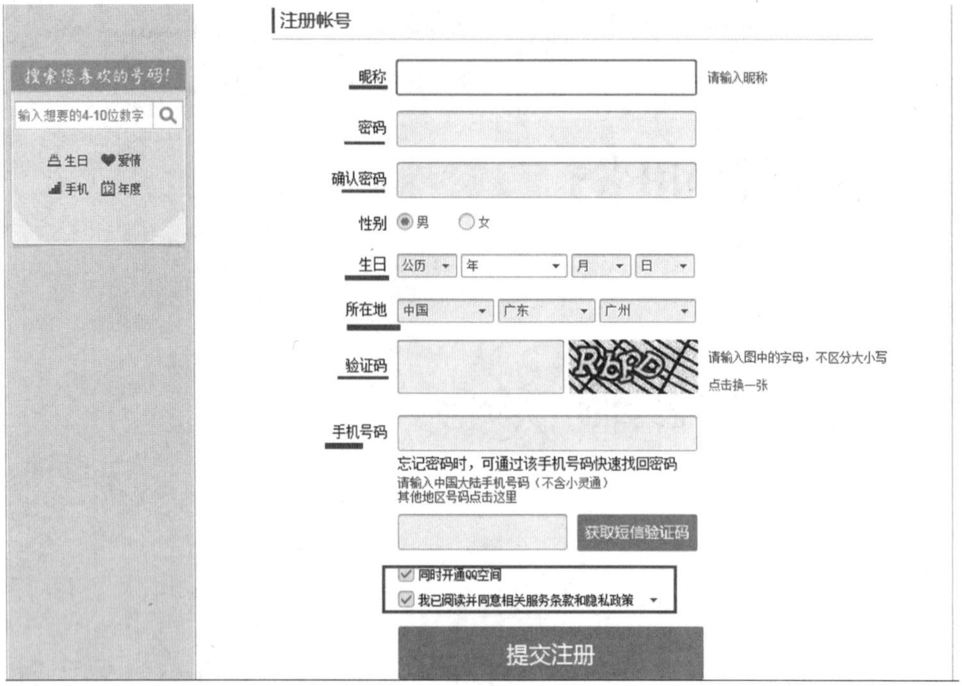

图 6 - 2　申请 QQ 账号

　　昵称就是 QQ 中显示的名称，跟我们取名字道理一致，就是区分每个人的不同，不过昵称比名字要灵活，可长可短，各种类型的文字混合都行，也可以在申请到 QQ 以后随时更改。密码就是登录 QQ 时要输入的密码，跟银行卡输入密码原理类似，密码长度也是可长可短。另外，图中下方框中内容为是否同意腾讯 QQ 的协议，如需了解可以点击。填写完以上的资料后点击"提交注册"，完成申请。账号申请完成后，注意保存账号，这是登录 QQ 的凭证，在其他的电脑上或手机上登录都需要用到它，最好找个本子记下该账号。当然之前输入的密码也必须一起记住，因为登录时在输入完账号后必须输入密码。

　　把刚刚申请的账号和密码输入到登录界面，如图 6 - 3 所示，单击"登录"按钮，完成登录。提示：如果是在个人电脑上登录的话，建议把"记住密码"选项勾选，这样以后登录时，就不用每次都输入密码；如果是公共电脑就不要去勾选，以保障 QQ 账号的安全。

图 6 - 3　QQ 登录

6.1.2　添加好友和群

登录 QQ 界面后，在 QQ 界面的下方找到"查找"，如图 6 - 4 所示。单击"查找"，会弹出一个如图 6 - 5 所示的查找界面。其中包括"找人"选项卡和"找群"选项卡等，"找人"顾名思义就是查找确定的某一个人，而"找群"则是查找由多个人组成的 QQ 群体。另外，找人又分为精确查找、条件查找和好友推荐等，另外如果点击"开启位置信息"还可以找附近登录 QQ 的人。

图 6 - 4　点开查找界面

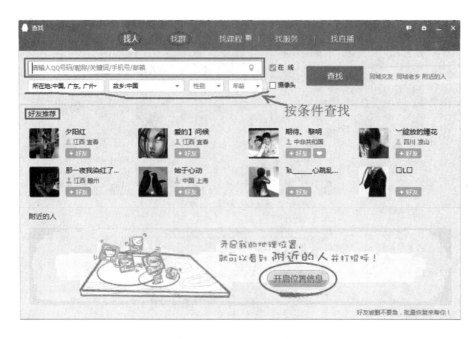

图 6-5　查找 QQ 好友

精确查找：在搜索框内输入对方的 QQ 号，然后点击旁边的"搜索"按钮，搜索完毕后会显示符合条件的 QQ，可以点击该 QQ 头像查看相关信息，也可以直接点击名称下边的"＋好友"，会自动弹出好友验证框，如图 6-6 所示。

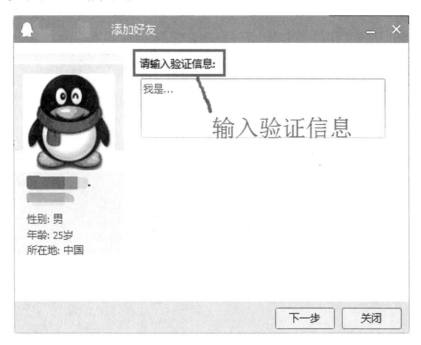

图 6-6　输入验证信息

建议最好在如图 6 – 6 中的验证信息中输入相关信息，比如"我是
＊＊＊"，这样对方就能知道是谁在添加他为好友，如果验证信息不
输入文字信息，会更容易被拒绝；然后点击"下一步"，再点击"完
成"。

条件查找：在搜索框下面选择想查找的条件，然后同样点击旁边
的"搜索"按钮，软件会自动搜索符合条件的 QQ 并以列表的形式展现
出来，然后找到感觉合适的 QQ 加好友即可。

好友推荐：QQ 会自动推荐一些好友，如果想添加其中的某一位
为好友，只需点击下方的"＋好友"，后续操作与"精确查找"中讲到的
方法相同。

添加群：QQ 群是多人聊天交流的一个公众平台，群主在创建 QQ
群之后，可以邀请朋友或者有共同兴趣爱好的人到群里面聊天和交流
思想等；与聚会等类似，大家聚在一起相互讨论同一个或几个话题，
只是彼此是在网上通过 QQ 而不是通过面对面的方式。添加群的方法
与添加好友的基本类似，如图 6 – 7 所示。

图 6 – 7　查找 QQ 群

首先，找群分为精确查找和模糊查找。可以在搜索栏中直接输入精确的 QQ 群号码（与 QQ 号码类似，为一定长度的数字），即为精确查找。也可以在框中输入比较模糊的关键字进行大概的查找，比如输入"电影""旅行"等查找有共同兴趣的公开群，即为模糊查找。另外图 6-7 中还显示了许许多多的分门别类的各种群体，可以通过分类查找的方式进行相应的群搜索。在搜索到符合条件的 QQ 群后，添加 QQ 群的方式与添加 QQ 好友的方式基本类似，这里不再赘述。

6.1.3　个人设置

修改个人基本资料：上 QQ 时经常会通过别人头像及个人资料去大概地了解这个人，那么他们的这些资料是怎么设置的，自己如何向他人展示个人信息呢？接下来就阐述如何设置个人基本信息。首先，点击界面的个人头像，如图 6-8 所示，会弹出一个个人信息界面，如图 6-9 所示。

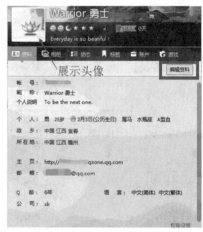

图 6-8　进入个人资料　　　　　　　图 6-9　个人资料展示

然后点击"资料"选项卡中的"修改资料"按钮，界面会转至个人资料的修改界面，如图 6-10 所示。

图 6 – 10　修改个人资料

在提示框中输入相应的信息，其中，昵称是可以修改的（修改昵称就是通过此方法）；另外按上面显示有"＋"的位置可上传若干张相片进行展示，以便更加彰显个性。而个性签名就是如图 6 – 8 中昵称下面的那段文字，主要用来显示自己的态度或看法，从而让别人更加了解自己。个人说明一般是用来对自己的 QQ 或个性签名进行一定的解释，这样就不会让人产生误解或疑惑。在填完相关的信息后，点击上面的"保存"即可。

修改头像： 在进入到如图 6 – 9 所示的界面时，再次点击个人头像便进入头像更换界面，如图 6 – 11 所示。

头像更换界面主要有三个选项卡：自定义头像、经典头像和动态头像（会员）。在自定义选项卡下，可以通过上传本地照片或直接进行拍摄（需电脑接有摄像头）来更新 QQ 头像，右边的预览表示头像最终将会在 QQ 上显示的结果，选择完成后点击"确定"按钮。如果不想进行自定义，可以直接将选项卡切换成经典头像，那里有许多已经设置好的头像可供选择，可直接选择一款满意的头像进行应用，然后点击

"确定"即可。动态头像是一种以动态图片形式进行展示的头像，该功能需要成为 QQ 会员才能使用，这里不作详解。

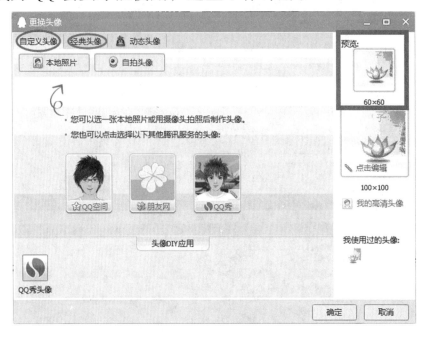

图 6-11　QQ 头像的修改

修改皮肤和外观：如图 6-8 所示，在 QQ 主界面上右边找到"衣服"样式的图标，点击该图标会弹出外观更改界面，如图 6-12 所示。

图 6-12　皮肤的更改

在"皮肤"选项卡中，可以看到有很多皮肤，风景、小清新、爱情等风格应有尽有，只要单击皮肤马上就可以更换。如果希望简单点可以点击下面的各种颜色进行色调的更改；如果觉得以上的皮肤都不满意，还可在"自定义"中上传自己的图片进行个性化设置。另外，将选项卡切换至"界面管理"时，将显示如图6-13所示的界面，此处可以调整图6-8界面上的快捷图标，右边框中勾选的图标会在主界面出现，左边框中勾选的图标会在主面板显示。可以通过勾选的方式来决定是否显示图标，还可以通过上移和下移来调整显示图标的排列顺序。

图6-13　界面展示管理

修改 QQ 秀：在 QQ 主界面上，如图6-8所示，将鼠标移动至头像处不做任何动作，接着右边就会显示 QQ 秀，如图6-14所示。

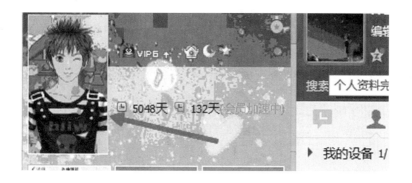

图6-14　QQ 秀展示

点击它进入 QQ 秀的官网，在网站中点击免费栏，进入挑选 QQ 秀，选择一个自己喜欢的，左边显示的 QQ 秀就会变成新的，然后单击"保存形象"，这样 QQ 秀也随之更新。

6.1.4　收发文字消息

前面已经阐述如何添加好友和群，接下来将介绍在添加好友后，如何与好友通过文字进行交流。

首先，如图 6-15 所示，在联系人选项卡中，找到要聊天的对象，双击头像，系统会弹出如图 6-16 所示的对话界面。

图 6-15　查找好友

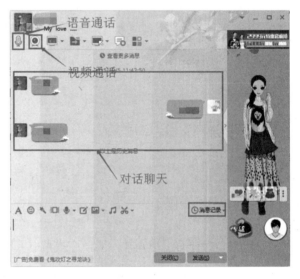

图 6-16　与好友进行聊天

然后在下面的空白处输入相应的文字，点击"发送"，便完成了文字的发送；如果对方回复了你，这对话就在中间部分显示，可在此界面上接收对方的消息，然后继续发送消息进行聊天。

另外在图 6-16 中，发送消息部分上方有一排工具栏是用于进行相应的个性化设置的，如："A"是对字体大小、颜色、有无气泡等进行相应的更改；"表情"是在对话中插入表情，使聊天更加生动形象；此外还有魔法棒、抖动、发语音、图片等个性化设置，这里不一一展开。消息记录可以查看到过去的聊天记录，防止某些重要信息忘了就找不回。

6.1.5 视频聊天

QQ 聊天的乐趣不仅仅在于可以进行文字上的沟通，更在于可以通过网络进行语音通话和视频聊天。语音通话和视频聊天的图标在图 6 - 16 的聊天界面中可以找到。

1. 语音通话

语音通话与打电话类似，只不过双方通过网络进行语言上的交流，不需要通过移动或联通公司进行服务，自然也就不需要付费。语音通话的前提是电脑装有相应的外部设备——带话筒的耳机，这样我们就不仅能听到对方的声音，同时还可以向对方打招呼交流。

语音通话的步骤为：首先通过前面介绍的方式，打开与对方的聊天界面，然后点击上面的语音通话图标，便会向对方发出语音通话申请，当对方点击“接受”时，就可以开始语音聊天。

2. 视频聊天

与语音通话类似，不过视频通话不仅可以听到对方的声音，更可以通过 QQ 与对方进行“面对面”的交流，可以通过视频聊天看到对方当前的样子和表情。视频通话的前提也比语音通话的要求要多了一项，不仅需要耳机，还需要电脑配有摄像头，因为双方的样子都是通过摄像头进行实时拍摄的。

视频聊天的步骤和语音通话一样：首先打开与对方的聊天界面，然后点击上面的视频通话图标，这样便会向对方发出语音通话申请，当对方点击“接受”时，就可以开始视频聊天了，这时聊天框右边多了一个可以看到对方样子的大框。

6.2 QQ 邮箱

QQ 邮箱是腾讯公司于 2002 年推出的向用户提供安全、稳定、快速、便捷电子邮件服务的邮箱产品。QQ 邮箱能通过捆绑在 QQ 客户端的软件登录，且登录账号和密码都与 QQ 的一样，实现了一个 QQ 号码多种用途，用户不需要为记住各式各样的账号和密码而烦恼。

6.2.1 申请及登录

QQ 邮箱的申请方法主要有两种：

方法一：如果已经拥有 QQ 号码，可直接登录邮箱（无需注册），"QQ 号码@ qq. com"即为邮箱地址，如：123456789@ qq. com。

方法二：如果未使用 QQ，可以直接注册邮箱账号，该邮箱地址自动绑定一个由系统生成的新 QQ 号码，并且作为 QQ 主显账号，可用来登录 QQ。

由于大部分人都有至少一个 QQ 号码，故方法二不作详细讲解。下面介绍如何通过 QQ 去开通 QQ 邮箱。首先通过客户端登录 QQ，如图 6 -8 所示，在界面的个人信息板块上找到那个类似信封的图标，如果界面上没有该图标，参照个人设置中的界面管理，勾选"我的邮箱"，找到该图标后单击，接着会弹出 QQ 邮箱页面，至此 QQ 邮箱便成功地开通了。开通后邮箱会收到一封来自 QQ 系统发的邮件，可点开"收件箱"进行阅读。

QQ 邮箱开通后，其登录方法也有两种：一种是通过 QQ 客户端登录，这个方法和开通 QQ 邮箱的步骤是一样的；第二种是在登录页中直接输入 QQ 号码和 QQ 密码。接下来就第二种做一点简单介绍（实际生活中 QQ 的邮箱登录以第一种方法居多）。首先，通过百度搜索关键字"QQ 邮箱"，如图 6 - 17 所示，在展示的列表中选择带有"官网"字样的链接。点击该链接，这时会有两种情况，第一种，如果电脑已经登录了

QQ，则会提示直接快速登录，点击提示的该 QQ 头像图标即可；第二种，如果电脑上未登录 QQ，则按照提示输入相应的 QQ 账号和密码。

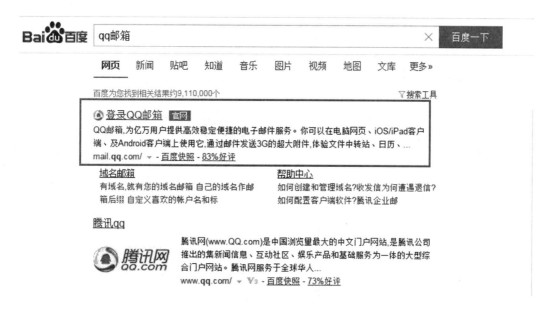

图 6 – 17　通过网页登录 QQ 邮箱

6.2.2　邮件接收

当邮箱收到邮件时，QQ 界面上会有相应的提示，图 6 – 8 所示界面上的 QQ 邮件图标后面会显示一个数字，该数字就表示有多少封未读邮件。要阅读邮件应点击该图标进入 QQ 邮箱，如图 6 – 18 所示。

点击图 6 – 18 所示框中的位置就能够进入邮件收件箱。在收件箱中，邮箱会以列表的形式展开，一般未读的邮件都是在列表的顶部且左边的"信封"图标是黄色关闭的，一旦点开阅读完毕，该"信封"图标就会变成白色并打开的。

图 6 – 18　QQ 邮箱查看界面

6.2.3　邮件发送

当要通过邮件发送某通知或文件给某个人或某些人时，就需要撰写和发送邮件。如图 6 – 18 所示，点开 QQ 邮箱页面，单击左上方栏中的"写信"。邮箱页面会转至如图 6 – 19 所示的界面。

图 6 – 19　写邮件与发送

界面中最上方需要输入的是对方的邮箱地址，好比写信需要填写收件地址一样，邮件写信也需要输入对方的"收件地址"；主题即邮件的标题，标题能够让对方了解该邮件想要说的内容及重要性，方便进行辨别和归类；将相关的主要内容写在"正文"部分，以便更加详细地讲述相关话题；另外邮件不单单是文字上的交流，还可以附带一些重要的资料一起发送过去，点击"添加附件"可以将需要的文件，如文档、压缩文件、图片等添加到邮件中随邮件一起发送给对方。当所有的内容填写完毕后，点击"发送"按钮。

6.2.4　邮件回复

前面介绍了如何查看收到的邮件，接下来阐述当对方发来邮件后，如何快速地回复对方。当收到邮件后，点击进行查看，邮件的查看界面如图6－20所示。

图6－20　查看邮件界面

当需要回复邮件时，可以点击"回复"或"回复全部"按钮进行快速的回复，写好内容后，点击"发送"即完成了邮件的回复。

6.2.5　邮件转发

邮件的转发方法为：如图6－20所示，打开需要转发的邮件，然后点击"转发"按钮，这时页面将跳转至一个类似写邮件的界面，如图6－

21 所示。只是邮件的内容和主题系统都已经填好了，只需要输入要发送对象的邮箱地址，点击发送即可。

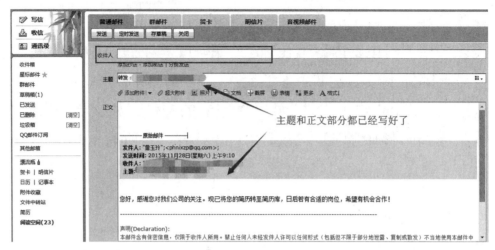

图 6-21　转发邮件

6.2.6　邮件删除

有些邮件时间久了没有作用，放在邮箱中占用了空间，或者由于保密需要等，要对邮件进行相应的删除工作。点击 QQ 邮箱，进入收件箱（图 6-22 所示）。

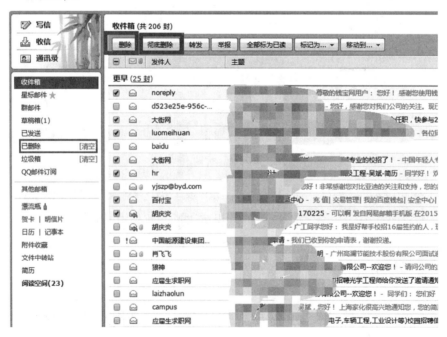

图 6-22　删除邮件

邮件列表前都有一个复选框，勾选不需要的邮件，然后点击上面的"删除"按钮，这样邮件便已删除（注意：此时邮件并没有完全删除）；如果发现删错了，可以通过点击"已删除"找回删除的邮件。如果需要彻底地删除邮件，可以在删除时点击"彻底删除"，或者在点击"删除"后，进入"已删除"内将文件再次删除。

6.2.7 附件的上传和下载

压缩文件创建好之后，如果有需要上传至网盘或邮件时，就需要进行文件上传工作，实际上压缩文件本身就是一种文件，其上传和下载方法与其他类型的文件无差别。以下就通过 QQ 邮箱对文件的上传和下载进行讲解。

1. 上传

首先打开 QQ 邮箱，然后选择"写信"，如图 6 – 19 所示，在其中单击选择"添加附件"，会弹出如图 6 – 23 所示界面，选择压缩文件所在的目录，然后选择需要上传的文件，点击"打开"，即完成了压缩文件的上传（其他文件上传方法一样）。

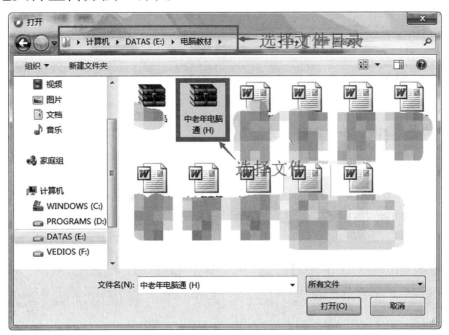

图 6 – 23 压缩文件的上传

2. 下载

附件压缩文件的下载如图 6-24 所示。如果收到的邮件有附件时，就需要对邮件中的附件文件进行下载。找到邮件的附件，然后点击旁边的"下载"，页面会弹出下载界面，然后只需要选择文件保存的目录及修改文件的名称（可以不修改），点击"下载"，就可以将邮件中的附件下载至电脑目录中。下载完成后，进入下载目录中并对该文件进行解压就可查看文件中的内容。

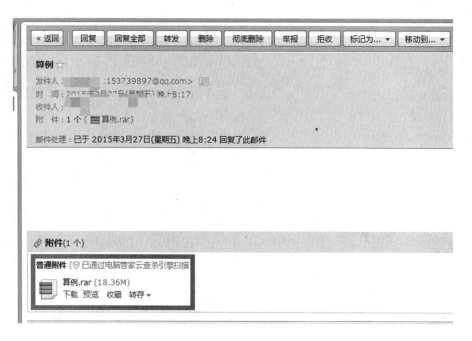

图 6-24　附件压缩文件的下载

6.3　电脑微信

6.3.1　电脑微信的下载与安装

双击桌面"360 安全卫士"打开，单击右上角"软件管家"，在右上角里输入"微信"，单击"搜索"找到需要安装的"微信电脑版"软件然后单击右边的"一键安装"或"下载"，等待安装完毕。

6.3.2　微信登录

双击桌面的"微信"图标打开微信，然后单击"登录"，第一次在某台电脑上登录时需要输入微信名称/手机号和密码，单击登录以后，需要在手机上确认，即在手机上点击"登录"（微信名称/手机号和密码与手机上登录的一样）。

6.3.3　使用微信

登录成功后，只要不退出来就可以一直在电脑上使用微信，用鼠标点击需要查看的消息（选中某个联系人，单击打开对话窗口），可以用电脑打字进行回复。也可以依次通过这些图标 ☺ ▭ ✂· ▢ ♋，发送表情、文件（或照片）、截图，如果电脑有摄像头，还可以进行视频与语音聊天。

6.3.4　发送和接收文件

选中某个联系人，单击打开对话窗口，然后单击"发送文件"图标 ▭，在电脑中找到要发送的文件，单击选中要发送的文件，然后单击菜单下面的"打开"，然后在微信窗口单击"发送"就可以将文件发给对方，等待对方接收。接收文件时，可以选中某个文件，右击，在快捷菜单里单击"保存"再选择需要保存在电脑中的位置（一步步展开路径），然后单击菜单下面的"保存"。也可以将文件转发给好友，选中某个文件，右击，在快捷菜单里单击"转发"，再选择需要转发的好友（如有必要，可以通过好友名字来搜索），单击即可转发文件。

7 网上银行与网络购物

7.1 网上银行

下面以工商银行为例介绍网上银行的开通和使用，其他银行大致相同。

7.1.1 开通网上银行

开通网上银行必须携带有效证件和银行卡到工商银行柜台，申请电子银行口令卡或 U 盾。能够使用工商银行网上支付功能的用户有三种：

1. 静态密码用户

静态密码用户是指那些在 2006 年 9 月 1 日前在柜台签约但未申领电子银行口令卡或 U 盾的用户，其总累计限额 300 元，限额用完后，需要到柜台申请电子银行口令卡或 U 盾才能继续使用。

2. 动态口令卡用户

（1）携带本人有效证件及注册网上银行时使用的牡丹卡前往工商银行任何一个营业网点，提交网上银行业务申请单（原已在柜台办理过网上银行业务的用户请填写变更单申领口令卡），并向柜台申明开通"电子商务"功能。

（2）首次支付前，先登录工商银行网上银行"个人网上银行登录"修改网上银行登录密码、支付密码为数字和字母的组合，并激活口令卡（查看电子口令卡使用介绍）。

（3）口令卡可使用 1000 次，之后需要前往柜台重新申领。

3. U盾用户

(1)携带本人有效证件及注册网上银行时使用的工商银行卡前往工商银行任何一个营业网点，提交网上银行业务申请单。

(2)首次支付前，先登录工商银行网上银行安装驱动、下载证书。

(3)U盾用户不受交易限额控制，可享受24小时大额转账汇款等各种服务。只要是工商银行个人网上银行用户，携带本人有效证件及注册网上银行时使用的工商银行卡到工商银行营业网点就可申请U盾。

7.1.2　网上安全证书和 U 盾安装

U盾申请成功后，安全证书下载和U盾的安装步骤如下：

(1)登录工商银行网站，如图7-1所示。

图7-1　工商银行主页

在图7-1中点击"个人网上银行登录"，打开个人网上银行登录界面，如图7-2所示。

(2)系统设置，在图7-2中点击"系统设置指南"。

图 7 - 2　个人网上银行登录界面

打开如图 7 - 3 所示的个人网上银行设置的步骤。

如果是第一次在电脑上使用个人网上银行，首先请参照工商银行个人网上银行系统设置指南调整计算机设置。

第一步：下载安装安全控件。点击图 7 - 3 中所示的个人网上银行控件，按提示下载完成。

第二步：安装工商银行根证书。根据图 7 - 3 中提示安装工商银行根证书。

第三步：安装 U 盾驱动程序，不同品牌 U 盾的驱动程序只能用于本品牌。请选择在银行申请的 U 盾，安装 U 盾驱动程序。

第四步：下载个人用户证书。登录工商银行个人网上银行，进入"用户服务"功能，在"个人用户证书自助下载"栏目中完成证书信息下载。下载前请确认 U 盾已连接到电脑 USB 接口上。如果下载不成功，请到柜面办理。

中国工商银行 个人网上银行  **金融@家**
INDUSTRIAL AND COMMERCIAL BANK OF CHINA

为了保证正常使用个人网上银行，我们建议您将计算机屏幕分辨率调整为1024×768或以上。如果您的计算机上已经能够正常使用个人网上银行，可直接登录。如果您是第一次使用我行个人网上银行，建议您按照以下操作步骤调整您的计算机设置。

第一步：下载安装安全控件

请下载安装个人网上银行控件，该控件将更好地保护您的计算机安全。

第二步：安装工行根证书

若您是第一次登录个人网上银行，计算机将会有安全提示从Personal ICBC CA中颁发根证书，该根证书用于您认证工商银行的网站，请您点击"是"，这表示您接受工商银行的个人网上银行服务。

如果您尚未申请我行的个人客户证书，并且已经完成上述计算机设置步骤，请直接登录个人网上银行。如果您希望申请个人客户证书，请到工商银行网点办理，咨询电话：95588。

如果您已经申请我行的个人客户证书，请再按照如下两个步骤设置证书使用环境。

第三步：安装证书驱动程序

请根据您持有的证书类型，选择安装相应的证书驱动程序：

金邦达USBKEY	捷德USBKEY	华虹USBKEY
▬▬ 证书驱动 安装说明	▬ 证书驱动 安装说明	▬ 证书驱动 安装说明
⬭ 证书驱动 安装说明		

★ 证书安装系统要求	操作系统：Windows 98、Windows 2000、Windows XP
	操作系统语言：简体、繁体、英文
	IE浏览器：Internet Explorer 6.0及以上版本

第四步：下载个人客户证书

当您安装完毕相应的证书驱动后，在正式使用个人网上银行其他功能之前，请首先登录个人网上银行，进入"客户服务"功能，在"个人客户证书自助下载"栏目中下载您的个人客户证书到U盾中。

通过以上的步骤，恭喜您已经完成了个人网上银行的系统设置，请点击登录按钮登录个人网上银行。

图7-3 个人网上银行设置步骤

7.1.3 网上银行使用

在登录个人网上银行之后，可以查询银行账户的余额和明细等信息。如需付款或转账，只要按系统提示将 U 盾插入电脑的 USB 接口，输入 U 盾密码，并经银行系统验证无误，即可完成支付业务。

7.2 支付宝

7.2.1 支付宝介绍

支付宝网站（www.alipay.com）是国内先进的网上支付平台，由阿里巴巴公司创办。支付宝与银行深入合作，保障买卖双方利益：买家先将汇款汇入中间账户（支付宝），待收到卖家货品后，在"我的淘宝"一栏里确认收货，再由支付宝打款给卖家，如遇交易不成功，可通过退款手续拿回汇款，支付宝不收取任何费用。支付宝安全交易流程的"收货满意后卖家才能拿到钱"使交易更安全。简言之，支付宝就是一个连接买家和卖家的中介。

1. 支付宝的优点
- 简单：只需拥有电子邮箱（或手机号）作为账户名，即可支付。
- 免费：使用支付宝购物、付款在一定额度内全部免费。
- 安全：为买卖双方提供支付信用中介，确保网上购物诚信安全。

首先，使用支付宝必须有开通网上银行的银行卡，目前国内大部分银行都支持支付宝。

2. 支付宝付款有两种方式
（1）选择网上银行付款：
①开通网上银行（设定网上银行登录密码和支付密码）；
②购物付款时，选择网上银行付款即可。

（2）选择支付宝账户余额付款：

①开通网上银行（设定网上银行登录密码和支付密码）；

②再开通支付宝（设定支付宝登录密码和支付宝支付密码）；

③在淘宝网上将网上银行卡里的钱充值到支付宝中。

以上两种方法都是先将款打给支付宝，然后买家确认收货后，淘宝才会打款给卖家。

7.2.2　支付宝的下载与安装

（1）支付宝的下载与安装：连好手机，双击桌面的"360手机助手"连接好手机助手，再单击打开"找软件"，在界面右上角的 `Q 360　软件搜索` 里输入"支付宝"，单击软件搜索，等待查出软件，并单击查出的软件，单击右侧的"一键安装"，等待软件下载并安装完成。

（2）打开支付宝：找到手机上的"应用程序"或"工具"单击打开，再找到"支付宝"单击图标打开，即可使用支付宝的各种功能。如果需要退出，连续单击手机下方的"返回"键，直到弹出"确定要退出软件"，单击"确定"退出软件。

7.2.3　支付宝的使用

1. 注册支付宝

通过 www.alipay.com 进入支付宝登录界面，选择"个人注册"，输入手机号，并点击"获取校验码"，输入手机收到的短信校验码，并点"立即校验"进入下一窗口界面。根据提示，详细填写资料后单击"提交注册"。

2. 申请实名认证

支付宝就是一个网络银行，银行都要求实名登记。一是为了资金安全，二是为了防止违法分子钻空子。支付宝主要通过银行来认证我们的身份。我们拥有一个银行账号并且能提供这个银行账号的相关信息，就间接证明我们是拥有合法身份的人，因为银行开户都是要求实名登记的。

（1）首先要有一个银行活期卡或者信用卡，一定是要跟支付宝有合作的银行，一般比较有名的银行都跟支付宝有合作，比如四大银行、招商银行、交通银行等。

（2）在登录支付宝后，点击"实名认证"。

（3）输入银行账号的相关信息，即可通过实名认证。

认证以后的支付宝账户就具备网上银行（网购支付、转账等）的所有功能。

3. 支付宝设置

（1）登录支付宝账户，在左一栏里找到"账户信息管理"，为了安全，最好修改一下支付宝登录密码，支付密码跟登录密码不要一样，用户信息中资料要真实，身份证要和银行账户身份信息一致。

（2）在"账户安全设置"中设置密码保护。

（3）在"银行账户信息"点开"银行账号管理"，输入支付宝密码，设置网上银行账号（一定是开通了网上银行的账号）。

4. 支付宝充值

（1）登录"我的支付宝"页面。

（2）进行账户充值，填写好充值金额、选择银行后，按右下方"下一步"。

（3）点击"去网上银行充值"，进入网上银行。

（4）自动进入网上银行后，输入支付卡号（银行卡号）、验证码，按"提交"。

（5）输入预留信息（验证信息）。

（6）输入网上银行支付密码、验证码，按"提交"。

（7）如果没有意外情况，即充值成功。

7.3 网络购物

7.3.1 注册网上商城账号

网上商城是借助于互联网平台开展在线销售商品的网上商店，消费者通过网络在网上购物并可享受送货上门、货到付款的服务，而且可以买到与线下商店同样品质的商品。网上商城比线下商场的商品种类更全更多。常见的网上商城有：淘宝、京东商城、当当网、1号店、亚马逊、苏宁易购等，它们的整个购物过程都是大同小异的，下面通过淘宝和京东商城的购物介绍网上零售商场的购物过程。

1. 淘宝注册

登录 www. taobao. com，点击"免费注册"，选择"邮箱注册"，填资料。注意：邮箱很重要；淘宝账号和密码要牢记；在下方的"用该邮箱注册支付宝账号"要勾选。

填完资料会提示登录邮箱完成注册，完成注册后登录邮箱，有一封来自支付宝的邮件，打开填写信息，然后再往下有个"修改支付宝密码"，进入修改。支付宝有两个密码，一个是登录密码，一个是支付密码。

2. 京东商城注册

具体操作步骤如下：双击桌面的 IE 浏览器 ，在地址栏输入：www. jd. com，然后按"Enter"键，打开京东商城的主页。单击页面顶部的"免费注册"，弹出个人注册的界面，具体的操作过程如图 7 - 4 所示。完成网站的注册后，在网站的页面顶部，会看到设置的用户名，表示已经注册并登录了该网站。

如果经常使用 QQ，也可以直接用 QQ 登录。先登录自己的 QQ，然后进入京东首页，点击顶端"请登录"，然后选择"登录"下面的 QQ，会自动检测到已登录的 QQ，再选择 QQ 头像点击完成登录。

图 7 – 4　注册京东账号

7.3.2　阿里旺旺的下载使用

（1）双击桌面的"360 安全卫士"，找到软件管家，在右上角的搜索栏里输入"阿里旺旺"，单击查找工具，找到"阿里旺旺"买家版，单击右边的"一键安装"，等待安装完成。

（2）网上购物需要与卖家沟通时，单击卖家主页上的阿里旺旺，打开对话窗口，即可与卖家沟通。

7.3.3　选购商品

1. 选购前注意事项

（1）网购有时会遇到不愉快的经历，尤其是因为快递原因导致难以处理。为规避这个问题，在购买之前要仔细看清楚商家的退换货条件，以及退换货时间，退换货产生的费用如何分担等问题。一旦产生了纠纷应及时与店家沟通，协商解决。

（2）在选择商家时，一定要注意商家是不是有消费者保障标志，以及处理纠纷时的态度。从商家对待问题的态度，可以辨别这个商家的信誉度。

（3）在阅读商品详情时，一定要仔细看拍出来的商品以及文字的描述，是否有虚假照片和夸大描述。

（4）还要观察大家对商品的评价，仔细衡量评价度如何。

（5）在网购时看该商品的评价，如果全是好评的话多半是找人刷出来的，一般进去只看有差评的，而且产品不可能都是好评。通过产品可以看出商品的优良程度、商家的服务态度和发货速度，再通过差评率就可以很好地估计该商品的质量是否优良，所以不妨在评价上多留点心。

（6）最关键也是大家最关注的就是搜索排名，比对商品数量、质量。

2. 选购

下面以京东商城购物为例，介绍如何进行选购商品。

（1）打开京东商城的主页，进入首页，登录自己的账号，会出现如图7-5所示的界面。

如果想购买具体某一件商品时，可以通过上面的搜索框查找相关的商品。例如，搜索框输入"手机"，单击"搜索"即可找到手机相关的商品信息。网上购物时，基本上都是具有目的性的，所以，经常会用到这个搜索功能实现快速的商品查找。单击"搜索"后，出现搜索结果页面，并可根据不同的品牌、参数、价格等进行筛选。

在左边的商品分类区域，可以通过移动鼠标显示下一级的子类，显示更详细的商品分类，用户单击进去就可以快速找到相关类别的商品。而在搜索框下面的分类，是根据京东网的业务发展需求，分别显

图7-5　京东主页

示某一种类别的商品信息。同时，在京东商城主页往下滑动，也可以浏览到更多的商品信息。

中间区域属于广告区域，京东商城会把一些商品的广告信息及促销信息放上去，供用户单击浏览，该区域信息经常变化，几乎每天打开的界面都是不一样的。

（2）单击打开需要购买的商品，浏览该商品的详情页面，了解商品规格参数、商品评价等信息。

确定要购买此商品后，回到本商品页面的顶部，单击选择商品的"颜色""版本""尺寸""数量"等内容，在"配送至"选项里选择当前购物所在的地区，以查询所选购的商品是否有货。

如果是在淘宝网上，选择好需要的商品，单击商家"旺旺图标"打开，与卖家沟通，询问是否有货，什么时候可以发货及想了解的有关问题。

（3）选好的商品若不立即支付可以点击加入购物车，继续浏览其他商品，看好自己决定要买的东西可以点击购物车一次性支付。

3. 购买

（1）如选定一个冰箱后，点击“立刻购买”，如图 7 –6 所示。

确认订单信息
店铺宝贝
商品属性
单价(元)
数量
优惠方式(元)
小计(元)
店铺：金玉满堂超市
卖家：传福喜来
和我联系
高端节能宿舍出租房冰箱双门家...
颜色分类：康佳灰
2045.00
1
无优惠
2045.00
淘保包
延长一年全国联保
55.21
55.21
送装服务
包邮 0.00元
0.00
0.00
给卖家留言：
选填:对本次交易的说明(建议填写已和卖家协商一致的内容)
运费险：
运费险
卖家赠送运费险，可赔付确认收货前退货运费
0.00
店铺合计(含运费) ￥2045.00

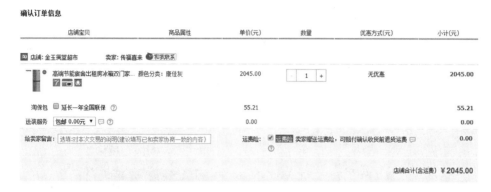

图 7 –6　确认订单信息

仔细核对选定冰箱的信息，如型号、大小、颜色、价格、运费等。在“给卖家留言”一栏，可以填写发票的相关信息，如发票抬头、发票明细、发票类型及发票内容等。

（2）确认收货地址，初次购买商品时需要创建地址，需要填写的信息如图 7 –7 所示。

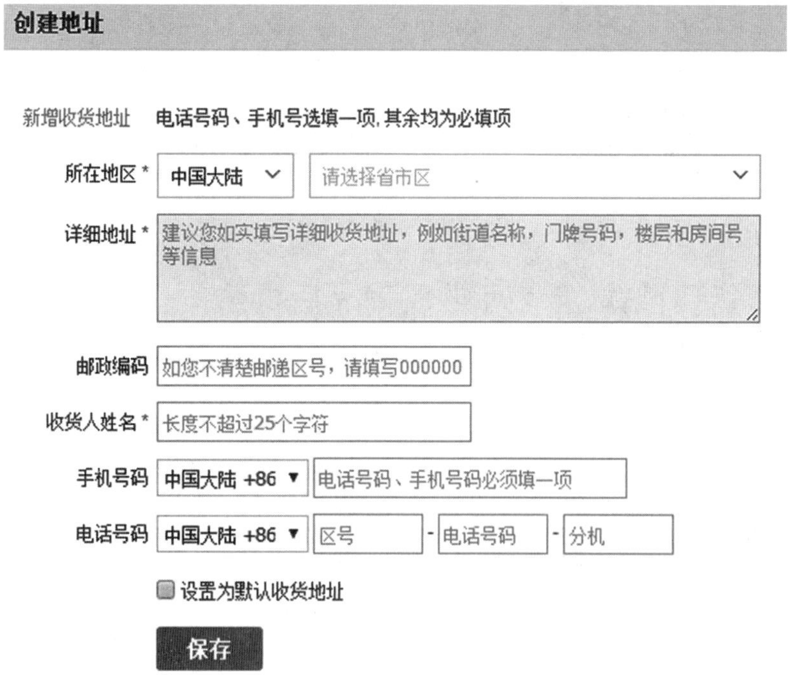

创建地址
新增收货地址
电话号码、手机号选填一项，其余均为必填项
所在地区 *
中国大陆
请选择省市区
详细地址 *
建议您如实填写详细收货地址，例如街道名称，门牌号码，楼层和房间号等信息
邮政编码
如您不清楚邮递区号，请填写000000
收货人姓名 *
长度不超过25个字符
手机号码
中国大陆 +86
电话号码、手机号码必须填一项
电话号码
中国大陆 +86
区号
电话号码
分机
设置为默认收货地址
保存

图 7 –7　创建地址

认真填写要求的内容，这点非常重要，关系到能否收到商品。填写完后，点击"保存"，以后可以直接选择已保存的收货地址。

（4）当地址选定后，会在"确认订单信息"页面的下方显示付款和收货信息，如图7-8所示。确保付款和收货信息无误后，点击"提交订单"，会自动跳转到付款界面，点击支付。当然，支付前得先确定商品是否选好。

图7-8　提交订单

7.3.4　支付方式

目前网上购物的支付方式有货到付款、支付宝支付、在线支付等。京东的支付方式如图7-9所示。

图7-9　支付方式

如选择"货到付款"，表示收到商品后再给钱。

支付成功后会出现订单成功的界面，如图7-10所示。

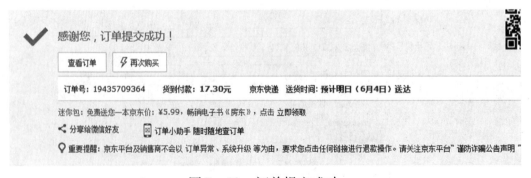

图7-10　订单提交成功

订单提交成功后，我们就可以等待快递员送货上门，注意保持手机畅通，如果是货到付款请准备好商品应付的现金（POS 机刷卡也可以）。

7.3.5 已购商品信息

在京东商城购买的商品，如需对该订单进行查询或者处理，可以在登录成功后单击京东商城网页顶部的"我的订单"，出现如图 7 - 11 所示的界面。

图 7 - 11 我的订单

在"我的订单"里，主要包括以下五个方面的内容：

（1）显示订单号和商品名称信息。通过订单号信息可以向商家和快递快速查询商品状态信息。

（2）显示本次订单需要支付的金额、支付方式·及是否付款信息。

（3）显示本次订单的商品状态信息，单击"跟踪"显示本次订单的物流信息，知道商品的配送情况；单击"订单详情"，可以查看本次订单的详细情况，包括快递信息、收货人信息、发票信息等。

（4）在"取消订单"区域，单击"取消订单"可以在错误下单或者不想买时取消本次的购买。

（5）如已收到商品，可以单击"返修/退换货"，对购买的商品在有效期内进行退换货或者保修的申请。所以，在购买完商品后注意保存好商品的包装盒及相关的附件。

收到货物后，可以单击"确认收货"，如需对所购商品进行评价，单击"评价"，如图7-12所示。

图7-12　商品评价

对已购商品的评价一般包括描述相符、卖家服务及物流服务三方面。我们可以分别点击相应的评价选项，也可以添加具体的文字和图片说明，再单击"提交"。

注意：如果买家对货物不满意，经协商后卖家同意，买家申请退款。邮费问题需要双方协商解决，如果无法达成一致，支付宝将根据双方提供的交易凭证，协调双方，并就邮费问题作出裁定。

如果买家要求退货，卖家不同意，需买家提供实物与网上描述不符的有效凭证，或是质量检测凭证。

7.3.6　网上订火车票

在地址栏里输入 www. 12306. cn 按"Enter"键进入"中国铁路客户服务中心网站"。

（1）第一次使用需要下载安装"根证书"（根据操作说明安装）。

（2）实名注册：按照页面的提示逐一填写用户名、密码、语音查询密码、姓名、身份证件类型、身份证号、电话号码、电子邮箱地址等基础信息。提交信息表后，系统提示登录邮箱完成注册激活。

（3）激活账号：填写注册信息并提交后，12306 网站将会向我们提供的电子邮件信箱发送激活邮件，登录注册时所提供的电子邮箱收取激活邮件，并按提示激活用户账号后，才可以订票。

（4）开始订票：打开该网站后输入用户名和密码即可登录，进入"我的 12306"。页面中立即出现订票信息，选择始发站、终到站、发车日期等，选择所要购买的车票后，系统要求再次输入姓名、证件号、电话号码等信息，证件包括身份证、港澳居民来往内地通行证、台湾居民来往大陆通行证和护照 4 种，并提示确认订单。

（5）网上支付：订单确认后，订票页面提示需要在 30 分钟内进行网上支付，否则将视为自动放弃。选择相应的网上银行或银联在线完成支付。

（6）12306 网上订票购买铁路电子客票后，铁路部门将会把有关提示信息以邮件或短信形式发送给购票人。可凭购票时使用的二代居民身份证原件(学生票要带上有优惠卡的学生证)到铁路指定各客运营业站(含同城车站)指定售票窗口、自动售票机或铁路客票代售点办理换票手续。

（7）乘车：使用二代居民身份证以外的其他身份证件购票的，须在开车前凭网络购票时使用的乘车人有效身份证件原件和网络系统提供的订单号码，到车站售票窗口换取纸质车票，凭纸质车票进站乘车。

订票注意事项：

(1) 网络订票需在 30 分钟内结束。

(2) 订票结束后需在 45 分钟内支付。

(3) 订单提交后提示没票时，不要着急，很可能是系统错误，再试一试。

（4）使用 12306 过程中，经常会遇到刷新页面或点击某个按钮后显示出登录页面的漏洞（bug），此时如果右上方的姓名仍然可以正常显示，表示 Cookies 仍然存在，无需重新登录浪费时间。

（5）网购经验较少、认为网上订票有一定困难，或者对铁路常识不了解的用户，建议在订票前仔细阅读该网站铁路常识页面，共计上百条内容，磨刀不误砍柴工。

（6）需要改签和退票的旅客，可在换票地车站或票面发站的指定售票窗口或 12306 网站办理改签、退票手续，但在 12306 网站办理改签、退票手续须不得晚于开车前 2 小时且未办理换票。退票款项退回原支付银行卡。

（7）铁路电子客票在互联网购票后至换票前，不办理挂失，不允许转让。

注意：牢记 12306 网站注册时自行设定的用户名和密码、购票时的乘车人有效身份证件、网站确认用户购票成功后给予的订单号码。

7.3.7　网上订机票

以下以"去哪儿网"为例说明网上订机票如何操作。

（1）在地址栏里输入 www. qunar. com 进入"去哪儿网"。

（2）在首页上方，进入"登录"，正确填写会员账号及密码，点击"登录"进入；如果没有账号，需要按提示免费注册账号。

（3）点击首页上"机票"标签或"机票"图标，进入机票预订界面；查询国内机票请点击"国内机票"栏目、查询国际机票请点击"国际机票"栏目；

（4）选择航班类型、起飞/到达城市及起飞日期，具体填写内容如下：

单程：起飞城市、起飞日期、到达城市；

往返：起飞城市、起飞日期（去程）、到达城市、起飞日期（返程）。

（5）选择舱位等级、喜好的航空公司。

（6）选择人数，每张订单只能选择成人、儿童、婴儿中的一种。

（7）填写乘机人信息；填写姓名、证件类型、证件号等。

（8）填写联系人全名、手机、固定电话和 email 地址。

（9）仔细核对所有航班、联系人、联系方式及提示信息。如果需修改所填内容，请按"上一步"。

（10）确认预订信息无误后请按"提交"。

8 智能手机入门

智能手机，是指像个人电脑一样，具有独立的操作系统，并可通过移动通信网络实现无线网络接入的手机类型。目前，国内市场的主流操作系统有两种：一个是安卓系统，另一个是苹果系统。由于安卓系统使用范围广，安装软件自由、简单，故以下相关操作的介绍以安卓系统、华为 A199 为例，其他各种操作系统之间的操作方式相差不大。学会了一种，其他的也就万变不离其宗，很容易上手。

8.1 智能手机基市操作

8.1.1 开关机与重启

开机：关机状态下，找到手机的电源开关键，按住该键几秒钟不放，手机将自动进入开机界面，类似电脑开机，智能手机开机需要一段时间，开机过程自动进行，只需稍等片刻。

锁屏：手机开机后，为防止手机在不用时被误按，也为了省电，通常手机都设有锁屏功能。开机状态时，只需按一下电源键手机便自动锁屏。另外，手机一段时间不受到任何触碰后，一般也会自动进入锁屏状态。若要解除锁屏状态，只需再按一下电源键，屏幕就会亮起，然后再进行相应的操作便可以解除该状态。

关机：在手机运行且不是锁屏状态时，和开机一样，按住电源键几秒钟，手机将显示出"关机"操作按钮，点击"关机"，手机将进入关机界面，关机界面完成后手机变为关机状态。

重启：在手机运行且不是锁屏状态时，按住电源键几秒钟，查看一下手机弹出的关机界面是否有"重启"按钮，若存在，则点击"重启"，手机将自动先关机然后再重新开机；若不存在，则点击"关机"，手动进行关机，然后在关机后按照前面开机的步骤手动重新开机。

8.1.2　接听与拨打电话

接听电话：当手机有电话打入时，手机界面会有接电话提示，由于不同的手机具体操作不一样，这里不能够一一列举，但以滑动图标和点击图标的动作居多。以滑动图标为例：一般是滑向绿色的"电话"图标表示接听电话，滑向红色的"电话"图标表示挂断通话。

拨打电话：需要拨打某人电话时，主要分直接拨打和通过手机里存储的联系人拨打两种情况。

（1）如果所要拨打的电话号码没有存入手机联系人中（或想直接拨打某号码），找到手机里的"通话"图标，进入拨打电话界面，手机界面将自动在屏幕的下半部分显示出虚拟数字键，点击对应的数字输入电话号码，如"10086（中国移动客服）"，然后再点击界面中绿色的"呼叫"图标进行拨打电话。

（2）如果所需要拨打的电话号码已存入手机联系人中，可以在手机里的"通讯录"找到需要拨打的电话号码对应的名字，点击该名称，点击"电话"图标便进行拨打。也可以通过"通话"图标进入拨打界面后，再点击"联系人"（人头像形状）标志，进入联系人栏，找到对应的名字拨打。

8.1.3　收发短信

接收短信：当有短信发来，系统有对应的提示，点击"短信"图标，进入短信界面就可找到刚收到的短信，点击进入阅读。

发送短信：点击"短信"图标，进入短信界面，再点击"短信"，即可进入短信编写界面，将需要填写的内容在下部分的书写栏处写好后，在上面书写栏的部分填入联系人。

（1）如果已知对方的具体号码，则直接输入对应的号码，然后点击发送便完成短信发送。

（2）如果对方的号码已储存在手机"通讯录"的联系人中，则可直接输入该联系人的姓名，或点击旁边的"联系人"标志找到该联系人，在名称上面点击一下回到短信编辑界面，然后点击发送便完成。

8.1.4 应用程序

应用程序简单地说就是可以安装在手机上的软件，完善原始系统的不足与个性化。随着科技的发展，现在手机的功能也越来越多、越来越强大。不像过去的那么简单死板，目前发展到了可以和掌上电脑相媲美的地步。手机软件与电脑一样，除了有一些系统自带的应用软件外，还可以安装第三方软件，让手机的使用变得更加灵活与方便。

目前手机软件市场上的应用软件数量成千上万，几乎满足各种使用者的需要。手机应用软件按照其用途主要可以分为以下几类：

（1）系统工具，主要对手机系统进行相应的管理、操作等，包括手机助手、文件管理器、浏览器、手机搜狗输入法、字体管家等。

（2）通信社交，用来通过网络与朋友进行联络，和陌生人进行交友等，包括 QQ、微信、微博等。

（3）影音视听，用来听音乐、看视频、看电子书等供休闲娱乐，包括酷我音乐、腾讯视频、暴风影音、QQ 阅读等。

（4）生活实用，主要对生活上的方方面面提供一些服务，包括高德地图、墨迹天气、计算器、手电筒等。

（5）办公学习，用来进行简单的办公和自我学习，包括有道词典、WPS、网易邮箱、新华字典等。

（6）理财购物，对自己的网上银行资金进行投资管理，进行网上购物等，包括支付宝、手机淘宝、京东、大智慧、美团等。

手机应用的多样性让我们有了更多的选择空间，可以找到自己喜欢的应用软件进行下载。关于手机应用软件的下载、安装将在本章第三节讲述。

8.2 智能手机设置

智能手机设置一般在"设置"图标里，几乎所有的设置操作都可以在里面找到相应的方式。

8.2.1 情景模式设置

飞行模式：此模式可以关闭掉 SIM 卡的信号收发，也可以关闭手机的无线信号收发，简单而言，开启此模式后手机不能打/接电话、收发短信、上网等，完完全全地进入了免打扰模式，设置此模式的方法为长按电源键，进入关机界面，选择飞行模式即可。

静音或振动模式：此模式是将手机的声音暂时关闭，即操作手机将不会有声音产生（振动模式会有震动），此时的来电和短信都不会有声音提示，设置此模式的方法是，保证手机在主界面，按音量减少键使音量减至为零即可。

8.2.2 音量和铃声的设置

音量的设置：可以在进入对应的界面后，按音量减小键，音量便减小；按音量增大键，音量便增加。另外也可以点击"设置"图标，然后点击"声音"，调节对应的各种音量。

铃声的设置：当进入"声音"界面时，点击铃声便可以选择自己喜欢的铃声作为来电铃声。

8.2.3 显示设置

显示设置主要设置桌面壁纸、亮度等，下面对这几项设置分别进行介绍。

（1）桌面壁纸，点击"设置"图标，进入设置界面，点击壁纸，然后选择喜欢的壁纸作为桌面背景；也可以在浏览相片或者图片时，点击图片，将图片用作壁纸，这样该图片便设置成了桌面的背景。

（2）亮度设置，点击"设置"图标，进入设置界面，点击亮度（也有可能是"显示"），便进入亮度调节。滑动滑块，屏幕的亮度发生改变，向左边滑表示变暗，向右边滑表示变亮，也可以点击自动调节选项框，这样屏幕会自动找到适合人眼的亮度。

8.2.4　开发者选项激活

点击"设置"图标，进入设置界面，点击"开发者选项"，勾选激活。另外，点击"关于手机"这一项，便可以查询手机的配置情况和当前系统版本等。

点击"恢复出厂设置"（注意此操作会使手机里的许多重要信息丢失，如联系人、已下载的软件等，因此请慎重考虑后再进行操作）可以将手机恢复至系统刚开始的状态。步骤为在点击之后会弹出"输入密码"（一般为0000），输入密码后，等待一段时间，手机将自动关机，然后重启清理数据等，手机开机完成说明系统已恢复至初始状态。

8.2.5　USB 选项激活

点击"设置"图标，进入设置界面，点击"安装和调试"，进入安装与调试界面，在开发和调试选项框中选择 USB 调试，点击复选框使框中处于打钩状态，这样 USB 选项便成功激活。

8.2.6　WLAN 设置

点击"设置"图标，进入设置界面，点击 WLAN 进入无线网络匹配界面，点击激活，系统会自动寻找周围的无线网络信号，点击家庭

Wi-Fi无线网络对应的名称，系统提示输入密码，输入对应的密码后点击"确定"，手机便可以利用家庭无线网络进行上网。利用局域无线网络上网不会消耗手机移动网络的流量，从而节省了手机流量，且无线网相较于移动网络要快。当手机 WLAN 已经处于激活状态时，再次点击激活，便可以关闭无线网络。

8.2.7 移动网络设置

点击"设置"图标，进入设置界面，点击"数据网络"，进入移动网络设置界面，点击激活，手机便可以利用 SIM 卡流量进行上网（注意：手机利用移动网络上网会涉及手机卡的网络费用，建议手机开通包月流量后再激活移动网络）。当手机移动网络已经处于激活状态时，再次点击激活，便可以关闭数据网络。

8.3 手机助手

手机助手是手机的同步管理工具，分别包含电脑 PC 端和手机端。通过数据线，PC 端手机助手可以很方便地在电脑端管理手机，可以更安全便捷地下载安装自己喜欢的应用程序，搜索下载到海量的免费资源，随时备份还原手机里面的重要数据等。

目前手机应用市场助手软件较多，但其功能基本相似。下面以"360 手机助手"为例，对手机助手的使用和安装进行阐述。

8.3.1 手机助手安装

首先需要在电脑上安装 PC 版的手机助手，具体步骤为打开"360安全卫士"，点击界面中的"手机助手"图标，系统会自动开始安装"360 手机助手"PC 版。安装完成后，用数据线连好手机和电脑，双击桌面的"手机助手"打开，点击连接手机，连接完成后，手机助手会显示出手机品牌和型号等信息，同时也将发现，系统自动帮手机安装好了手机助手的安卓版。

8.3.2　手机安全与维护

手机使用过程中会产生许多垃圾文件，这些垃圾文件的存在会占用手机内存，且降低手机的运行速度，因此需要每隔一段时间对手机进行垃圾清理来维护手机的安全和可靠度。

在手机上打开"360 手机助手"：点击最下面右边标题中的"管理"，再找到"手机清理"，点击"手机清理"软件将对手机的垃圾文件进行搜索，当软件完成搜索后，点击下面的"清理"，手机里面的垃圾文件便清理完毕。连续单击手机下面的"返回"键，可退出软件。

8.3.3　手机文件管理

手机使用过程中难免需要存放一些文件，如软件安装包、图片、视频等。当手机中文件较多时，就需要对其进行相应的管理。

在手机上打开"360 手机助手"，点击最下面右边标题中的"管理"，再找到"资源管理"，点击它，手机助手将自动对内存中存放的文件进行分类，主要分为图片、音乐、视频和文档；这样便可以轻松快速地找到想要编辑的文件。

8.3.4　查找并安装软件

通过手机助手安装软件的方法有两种：一种是连接电脑，通过电脑上的手机助手查找并安装软件；另一种是直接通过手机里的手机助手查找并安装软件。以下就这两种方法分别阐述具体步骤及方法。

1. 通过 PC 版手机助手安装。

首先打开电脑上的"360 手机助手"，将手机通过数据线连接电脑，待电脑上的手机助手显示出手机的品牌和型号（在软件界面的左上角）时，表示手机与电脑成功连接。

（1）当确切地知道所需要的软件的名称时，可以点击电脑上的手机助手右上角的"查找"图标，在里面输入想要查找的软件名称如"搜狗输入法"，或模糊名称如"输入法"，输入完成后点击图标右边的"放大镜"进行查找，手机助手将把可能满足需求的软件进行列表式排列，选择想要的那款软件右边的"一键安装"，手机助手将自动为手机安装好该软件。

（2）当不知道所需要的软件时，可以点击手机助手中的"找软件"栏，手机助手将推荐各种软件，同时也会有软件归类的列表供选择，点击"软件分类"，然后在热门分类中选择相应的类型，如点击"系统工具"，在该类软件中找到"天翼客服"，点击图标下面的"安装"，手机助手便会将该软件安装至手机当中。

2. 通过手机版手机助手安装

在手机上打开"360手机助手"，首页会有助手推荐的一些软件，如果感觉喜欢可以点击直接下载。（注意：此时手机必须有网络，建议使用无线网络，移动数据网络可能会产生流量费）。

（1）当确切地知道所需要的软件的名称时，可以点击"查找框"（框中左边有个放大镜图标），然后在框中输入想要查找的软件的名称如"搜狗输入法"，或模糊名称如"输入法"，输入完成后点击图标右边的"放大镜"进行查找，手机助手将把对可能满足需求的软件进行列表排列，选择想要的软件，点击"下载"，手机助手将进行自动安装。

（2）当不知道所需要的软件时，可以点击手机助手中的"查找框"下面的分类，手机助手将推荐各种软件类型名称，然后在热门分类中选择相应的类型，如点击"360软件助手"，或按住屏幕往上拖，在"软件"类中选择喜欢的类型，如在该类软件中找到"通信社交"，点开后选择QQ，点击图标右边的"下载"，手机助手会自动将该软件安装至手机当中。

8.3.5 软件升级与卸载

手机软件会随开发者的版本变化而进行升级，从而让软件应用和操作更方便，功能更强大；对于某些下载安装完成后不会用到的软件，可以将它从手机中移除，以免占用手机内存。

软件升级：在手机打开"360 手机助手"，点击最下面右边标题中的"管理"，手机助手会提醒手机中有哪些软件需要更新，点击"＞"来点开更新界面，然后选择想要更新的软件，点击右边的"更新"，这样便完成了手机软件的更新升级。

软件卸载：在手机上打开"360 手机助手"，点击最下面右边标题中的"管理"，找到"软件卸载"，手机助手会找到手机中已安装的软件，找到想卸载的软件，点击右边的"卸载"，这样该软件便会从手机中移除。

⑨ 智能手机应用

通过手机助手安装软件的方法有两种，在 8.3.4 节已经阐述过，本章介绍智能手机的一些应用。

9.1 手机娱乐

9.1.1 音乐铃声

打开手机助手后，再单击打开上面的"娱乐"，在打开的界面可以查看各种手机"音乐铃声"。

（1）如果已知（或大概知道）自己要找的音乐铃声名称，直接在右上角的搜索框里输入要找的音乐铃声名称或关键词（歌星等），如"老歌"，单击音乐搜索，等待查出音乐，并单击查出的音乐上面的"下载"箭头。如果同时找到很多想下载的音乐，可以在前面的白色小框里打钩，再单击"下载选中"，等待音乐下载完成。

（2）如果不知道自己要找的音乐铃声，可以通过左侧的分类查找需要的音乐铃声，如单击"热门音乐"打开后，可以找到最近流行的各种音乐排行榜，再选中想要的音乐单击右侧的"下载"箭头，等待下载完成。

（3）如果不知道自己要找什么音乐铃声，也不知道哪些音乐铃声好听，建议在有耳机或音箱时先打开"试听"播放按钮试听一下，再根据需要选择想要的音乐铃声，单击右侧的"下载"箭头，等待下载完成。

9.1.2 电影视频

打开手机助手后，再单击打开上面的"娱乐"，在打开的界面可以查看"电影视频"。

（1）如果已知（或大概知道）要找的电影视频名称，直接在右上角的搜索框里输入要找的电影视频名称，或关键词（演员、欧美、韩剧等）如"武工队"，单击"视频搜索"，等待查出视频，并单击查出的视频下面的"查看详情"，打开下载页面，选中要下载的视频，单击"下载"，等待下载完成。如果下载连续剧，也可以单击"批量下载"，然后在选中剧集前面的白色小框里打钩，再单击"下载选中"，等待下载完成（要注意手机空间的大小）。

（2）如果不知道自己要找的电影视频，可以通过左侧的分类查找需要的视频，如单击"相声小品"打开后，再选中想要的小品，单击下面的"下载"箭头，等待下载完成。

在手机上打开音乐或视频：找到手机上存放音乐或视频的文件（跟电脑上的方法一样）依次单击：文件夹/分类文件/音乐或视频，双击选中的音乐或视频打开播放。

9.1.3 电子书

打开手机助手后，再单击打开"娱乐"，在打开的界面可以查看"电子书"。

（1）如果已知（或大概知道）自己要找的电子书名称，直接在右上角的搜索框里输入要找的电子书名称，或关键词（作者、言情、武侠等）如"莫言"，单击"电子书搜索"，等待查出电子书，并单击查出的电子书下面的"安装"，等待下载并安装完成。

（2）如果不知道自己要找的电子书，可以通过左侧的分类查找需要的电子书，如单击"电子书库"打开后，再选中想要的电子书单击下面的"安装"，等待下载并安装完成。

（3）在手机上"打开软件"：找到手机上的"应用程序"或"工具"单击打开，再找到想打开的电子书，双击电子书图标打开即可阅读，使用完后连续单击手机下面的"返回"键，直到退出电子书即可。

9.1.4　游戏

打开手机助手后，再单击打开上面的"玩游戏"。

（1）如果已知（或大概知道）需要的游戏名称，直接在右上角的搜索框里输入要找的游戏名称（或关键词），单击"游戏搜索"，等待查出游戏，并单击查出的游戏下面的"安装"，等待下载并安装完成。

（2）如果不知道需要找的游戏，可以通过左侧的分类查找需要的游戏，如单击"新游戏"打开后，再选中想要的游戏单击下面的"安装"，等待下载并安装完成。

9.2　手机微信

微信是目前最热门的一款手机通信软件，不管是在 Wi－Fi 或是在移动网络下，都可以通过微信给好友发送语音短信、视频、图片和文字，可以单聊及群聊，还能根据地理位置找到附近的人，而且只需要较少的流量，使用微信时产生的上网流量费由网络运营商收取，建议配合上网流量套餐使用。

9.2.1　下载和安装

打开"手机助手"后，点击打开"找软件"，在打开的界面"搜索框"里输入"微信"，单击"软件搜索"，等待查出软件，并单击查出的软件右侧的"一键安装"，等待微信下载并安装完成。

9.2.2　注册微信

微信可以通过 QQ 号直接认证注册，或者是手机号注册。微信安装成功后可以找到手机上的"应用程序"或"工具"单击打开，再找到微信，双击"微信"软件图标打开，按图9-1步骤完成注册。

图9-1　微信注册步骤

9.2.3　微信登录及设置

注册后下一次再打开时，直接单击"登录"后的界面如图9-2和图9-3所示。

图9-2　微信登录界面

图9-3　微信设置界面

单击下面的"我"，然后单击"设置"，在设置界面可以填写自己的个人资料，包括微博、签名等相关的信息。并绑定手机号码及 QQ 号码。

9.2.4　查找与添加好友

打开微信，单击下面的"发现"，再单击右上角的"＋"，选择"添加朋友"单击，打开如图 9 – 4 所示的添加好友界面。输入对方的"微信号、QQ 号或手机号"，单击"查询"，找到后加为好友，等待对方同意后即可成为好友。

图 9 – 4　添加好友界面

9.2.5　查看微信

打开微信，找到需要看的信息点击打开即可查看内容。如果要查看朋友圈分享的信息，则先按返回键到主界面，点击下面的"发现"，再点击"朋友圈"，可看到更新后的信息，找到需要看的信息点击打开即可查看内容。如需对某信息进行点"赞"或"评论"（回复）则可以点击右下角的"两点"，再点击"赞"或"评论"，然后再输入评论内容，点击"发送"。

9.2.6　发微信

打开微信，点击下面的"通讯录"，找到需要交流的朋友，点击打开，然后再点击下面的"发消息"打开界面，在下面的空白线上可以打字，如果需要发送文件，需要点击右边的"＋"号，选择发送的文件类型（图片、视频等）点击，选择要发送的文件，并点击发送，即可将消息和文件发给对方。也可以点击"声音符号"，然后按住"按住说话"就可以跟好友语音聊天。

9.2.7　微信群聊

打开微信，点击下面的"通讯录"，找到"群聊"，点击打开，然后点击右上角的"＋"，再点击"选择一个群"打开，选择你要发消息的群，点击打开，然后再点击下面的"发消息"打开界面，在下面的空白线上可以打字，如果需要发送文件，需要点击右边的"＋"号，选择发送的文件类型（图片、视频等）点击，选择要发送的文件，并点击"发送"，可以将消息和文件发给对方。也可以点击"声音符号"，然后按住"按住说话"就可以跟群里的好友语音聊天。

9.3　手机坐车网

9.3.1　安装坐车网

打开手机助手，点击"找软件"，直接在右上角的"软件搜索"栏里输入"坐车网"，点击软件搜索，等待查出软件，并点击右侧的"一键安装"，等待软件下载并安装完成。

9.3.2　坐车网的使用

在手机上打开"坐车网"：找到手机上的"应用程序"或"工具"点击打开，再找到"坐车网"，点击图标打开，就可以使用坐车网的各种功能了，使用完后如果需要退出，连续点击手机下面的"返回"键，直到退出软件。

1. 查某市市内交通

先在左上角的倒三角处点击，选中查询的城市，譬如"广州"，在下拉菜单"换乘"下面的"我的位置"处，输入出发地，如："五山"，在"目的地"里输入"火车站"，点击选择下面的"当前""白天"或"夜车"，点击右边的"搜索"符号，在弹出的"出发地"里选择"五山派出所"，在弹出的"目的地"里选择"广州火车站"即可以找到去火车站的公交车及地铁的"坐车方案"，可以根据方案描述进行选择。使用完后如果需要退出，连续点击手机下面的"返回"键，直到退出软件。

2. 查询某地点附近的交通线路

先在左上角的倒三角处点击，选中查询的城市，譬如"广州"，在下拉菜单"线路/站点"下面的"输入线路名、车站、地名"处，输入出发地，如："五山"。点击右边的"搜索"符号，在包含"五山"的线路里选择"五山派出所"再点击，在弹出的"附近的站点"里可以找到附近的站点和路程。可以根据需要选择相应的公交站或地铁站，如选择"华工大站"，将弹出所有该站点的公交车线路"147 路、20 路、218 路、23 路夜车、405 路、41 路、775 路、53 路夜车"等，点击选择其中一路车，如点击"147 路"将打开该线路详情（起末班车时间、时间间隔、所有的站点及换乘信息等）。

3. 查询城际交通线路

先打开"坐车网"点击下方的"城际"菜单，在"出发地"处，输入出发地，如："广州"，在"目的地"里输入"深圳"，点击选择下面的"综合""汽车""火车"或"飞机"，点击右边的"搜索"符号，即可以找到去深圳的"坐车方案"，包括"汽车""火车"等，可以根据方案描述进行选择。

9.4 手机银行

9.4.1 手机银行开通方式

（1）柜台开通：带上有效身份证件和实名制账户直接到任一银行网点开通，然后登录手机银行使用包括查询、转账、汇款、外汇买卖等服务。柜台开通及追加的手机银行账户都为签约账户。

（2）网站开通：通过银行国际互联网站或手机开通。以此类方式开通或追加的手机银行账户状态为未签约状态，客户须到柜台进行手机银行账户签约，才能进行手机银行转账、缴费、支付和手机股市等服务。若是建设银行个人网银的客户，可在登录网上银行后，在"其他账户服务"的"渠道互动签约与维护"中进行手机银行账户的开通。个人网银客户选择签约账户开通或追加至手机银行后，该签约账户将直接成为手机银行的签约账户，否则为非签约账户。

（3）手机上开通：在手机上直接开通或追加的手机银行账户状态为未签约状态。

9.4.2 安装手机银行软件

打开手机助手，再点击打开上面的"找软件"，直接在右上角的"软件搜索"栏里输入"工行"（以工商银行为例，其他银行类似），点击软件搜索，等待查出软件，选择"工行手机银行"并点击右侧的"一键安装"，等待软件下载并安装完成。

9.4.3 手机银行的使用

在手机上打开"工行"：找到手机上的"应用程序"或"工具"点击打开，再找到"工行手机"，点击图标打开，点击下面的"常用功能"，点击"自助注册"，点击右上角的"同意"，然后点击"输入手机号"，输入手机号码，再在"注册卡（账）号"点击，输入"卡（账）号"，然后点击"卡（账）号密码"，输入手机银行密码。输入完成后，仔细核对手机号和注册卡（账）号，核对正确后，点击右上角的"下一步"，依次输入所要填的信息，直至开通手机银行，即可使用工行手机银行的各种功能。使用完后如果需要退出，连续点击手机下面的"返回"键，直到退出软件。

9.5 手机订票

9.5.1 订票软件安装

打开手机助手，点击"找软件"，在打开界面的"软件搜索"栏里输入要找的软件名称或关键词，如"火车票""飞机票"，点击软件搜索，等待查出软件，并点击查出的软件，如"铁路12306""盛名列车时刻表""去哪儿旅行"，再点击右侧的"一键安装"，等待软件下载并安装完成。

打开订票软件：找到手机上的"应用程序"或"工具"点击打开，再找到想打开的软件，如"铁路12306""盛名列车时刻表"或"去哪儿旅行"，点击软件图标打开，如果弹出许可界面，点击上面的"允许"即可使用订票软件的各种功能，使用完后如果需要退出，连续点击手机下面的"返回"键，直到弹出"确定"退出软件，点击"确定"即可。

9.5.2 订火车票

1. "铁路12306"订票

点击打开"铁路12306"，如果弹出"360安全卫士"许可界面，点击上面的"允许"，进入车票预订界面，确定选择某趟车（如"G66"）点击会提示需要登录，在登录界面输入账号和密码（账号和密码与网上订票的一致。如没有账号和密码，建议在电脑上申请）点击"登录"，具体的订票方法与网上订票基本一致，这里不再赘述。

2. "盛名列车时刻表"订票

点击打开"盛名时刻"，先查询确定选择某趟车（如"G86"）则点击"G86"，再点击"订票"，弹出"现在就帮你转到预定管理功能吗？"点击"确定"，就进入"预订管理功能"，需要登录，输入在12306网站里申请的账号和密码（如没有账号和密码，建议在电脑上申请），点击"登录"，可以直接使用账户里的信息，具体的订票方法与网上"盛名列车时刻表"订票基本一致，这里不再赘述。

9.5.3　订飞机票

找到手机上的"应用程序"或"工具"点击打开，再找到"去哪儿旅行"，点击软件图标打开，如果弹出许可界面，点击上面的"允许"。先查询确定某趟飞机，进入机票预订界面。具体的订票的方法与"去哪儿网"上订票基本一致，这里不再赘述。

使用完上述订票软件后如果需要退出，连续点击手机下面的"返回"键，直到弹出"确定"要退出软件，点击"确定"退出软件。

9.6　手机购物

9.6.1　下载安装淘宝软件

打开"360安全卫士"，直接点击右上角的"手机助手"，然后在右上角的"软件搜索"栏里输入"淘宝"，点击软件搜索，等待查出软件，并点击查出的"手机淘宝"软件右侧的"一键安装"，等待软件下载并安装完成。

9.6.2 查找和收藏商品

（1）在手机上打开"淘宝"：找到手机上的"应用程序"或"工具"点击打开，再找到"手机淘宝"软件，双击"手机淘宝"软件图标打开，第一次使用时软件需要初始化，等待打开后即可使用手机淘宝的各种功能。使用完后如果需要退出，连续点击手机下面的"返回"键，直到退出软件。

（2）查找商品：如果只是像逛超市一样随便看看，只要滑动手机即可；如果想了解某个商品的信息，可以选中点击；如果想查询某个商品，如"无线路由器"则在顶端"寻找宝贝、店铺"里点击，弹出输入法后再输入"无线路由器"，再点击右边的"搜索"找到各种无线路由器，根据信息判断选取需要进一步了解的路由器点击打开。

（3）收藏：看完详细信息后，如果想收藏或购买，可以选中"款式、颜色、套餐"。

参考文献

［1］肖国权．电脑入门有诀窍［J］．老年教育，2014（12）：42.

［2］李军．中老年人学电脑入门与提高［M］.4版．北京：清华大学出版社，2014.

［3］卞诚君等．中老年人看图学电脑［M］.3版．北京：机械工业出版社，2015.

［4］导向工作室．老年人学电脑从入门到精通［M］．北京：人民邮电出版社，2014.

［5］一线文化．中老年人学电脑与上网［M］．北京：中国铁道出版社，2015.

［6］九州书源．中老年人学电脑从入门到精通［M］．北京：清华大学出版社，2016.

［7］中老年电脑教学研究组．中老年人快捷学电脑与上网［M］．北京：机械工业出版社，2012.

［8］杨奎河．中老年人学电脑（基础篇）［M］．北京：金盾出版社，2015.

［9］朱维等．中老年人学电脑［M］．北京：电子工业出版社，2012.

［10］吴含章．跟"老小孩"轻松学智能手机［M］．上海：科学普及出版社，2016.

［11］曾晓东．爸妈轻松学：智能手机无障碍指南［M］．《微型计算机》杂志社，2014.

［12］官建文．指尖上的生活：智能手机应用100例［M］．上海：科学普及出版社，2013.

［13］明友．外行学电脑与上网人入门到精通：老年版［J］．老同志之友，2011（06）：35－38.

［14］天歌．老年人电脑入门的技巧和方法［J］．金秋，2009（04）：51－55.

［15］陈雪丽．丹麦老年电脑教育的特点及其对中国的启示［J］．老龄科学研究，2015（09）．

［16］潘莹．开发市民计算机课程的实践［J］．成才与就业，2016（S1）：70－71.

［17］董忠全，黄龙江．"三位一体"教好电脑［J］．老年教育，2016（01）：44－47.

［18］王玉芬．退休后学电脑忙［J］．开心老年，2015（07）：28－30.

［38］丁才芳．电脑改变了我的老年生活［J］．电脑爱好者，2005（12）：119.

［20］王凤霞．中国城市老年人社交移动应用软件交互界面设计研究［D］．上海：上海交通大学，2015.

［21］康元鑫．电脑教学探索［J］．老年教育，2014（04）：33－34.

［22］笑生．兴趣为优 老年电脑第一关［J］．电脑爱好者，2014（01）：64－65.

［23］曦睿轩．学电脑并不难［J］．老同志之友，2013（23）：42－44.

［24］杨强．老年大学计算机教学方法微探［J］．学园，2013（29）：197－198.

［25］王安陵．学以致用教电脑［J］．老年教育，2013（05）：36－39.

［26］温菁华．古稀之年学电脑［J］．老年教育，2013（01）：62－65.

［27］丁当．手机与电脑［J］．健身科学，2012（08）：20－21.

［28］许莹莹．盘点老年人专用笔记本［J］．网络与信息，2011（10）：28－30.

［29］蒋茂仕．电脑教学"四部曲"［J］．老年教育，2011（07）：58－61.

［30］林书放．学电脑，你行的！——一位退休老人的七年电脑学习经验之谈［J］．老同志之友，

2011（10）：44 – 48.

［31］柯爱华．浅谈老年电脑教学［J］．新课程学习，2010（08）：75 – 76.

［32］陶绍教．年过七十学电脑［J］．健身科学，2008（02）：30 – 32.

［33］孙祥虎．老年人学电脑的诀窍［J］．山西老年，2007（12）：34 – 37.

［34］毛晓欧，刘正捷，张军．中国老年人互联网使用体验研究［A］．第三届和谐人机环境联合学术会议（HHME2007）论文集［C］．2007：7.

［35］秋思．老年人学电脑的诀窍［J］．老同志之友，2006（01）：41 – 43.

［36］高国春．让老人学会上网［J］．瞭望新闻周刊，2005（44）：7 – 9.